フォックス博士の
スーパードッグの育て方
イヌの心理学

マイケル・フォックス 著
北垣憲仁 訳

Dr. Michael W. Fox
SUPERDOG

白揚社

SUPERDOG
Dr. Michael W. Fox

This edition published by arrangement with Howell Book House,
an imprint of Macmillan Publishing Company, New York, USA
through Tuttle-Mori Agency Inc., Tokyo

For Loppy and Friday

本文中の（　）つき数字は原著者による注、〔　〕は訳者による注を示す。本文中、〈　〉の部分は訳者がつけ加えた補足である。注意を要する訳語については、原語を併記するか、ルビを振った。

まえがき

『イヌのこころがわかる本』[1]を書いてから一五年がたちました。その間、とくにイヌの社会化や飼育法について新たに気づいたことや学んだことは少なくありません。イヌの飼い主やブリーダー、訓練士たちの経験したことや発見したこと、あるいは問題としていることがおおいに参考になりました。しかし、わたしがとくに感謝したいのは、ほかでもないイヌたちです。わたしたちにとってイヌは、誠実なコンパニオン[2]であり、家族の一員でもあります。そればかりか、わたしたちを映し出す鏡のような存在でもあり、教師でもあります。

この本では、よき友であり教師でもあるイヌのために、また、コンパニオンとしての人間、すなわちヒューマン＝コンパニオンのためにも、動物行動学者で獣医であるわたしの知識と経験にもとづいて、イヌの行動や進化についての考え方を詳しく解説してみましょう（「飼い主《オーナー》」という言い方よりも、むしろ「コンパニオン」という言い方のほうがわたしは好きだ。イヌは人間の所有物でも所持品でもないのだから）。

じっさいイヌは、感受性の乏しい、本能によってあらかじめプログラムされた生き物ではありません。この本のはじめであきらかにしたいと思いますが、思考力や判断力、そのうえ洞察力や想像力もあります。したがって、知恵や意識、あるいは理解力や感覚といったイヌが本来そなえている性質を理解し尊重しようとする心構えが、イヌと満足のゆく関係を築くためにも、ほんとうの「スーパードッグ」を育てるためにも必要になります。

しかし、正確にイヌを理解しようとしたり、コミュニケーションを図ろうとしたりするためには、このような積極的な態度だけでは十分とはいえません。それには、イヌがどのように感情や意思を伝えようとしているのかということや、行動などに関する客観的な知識がどうしても欠かせません。これについてはあとで詳しく書くことにします。イヌのすばらしく発達した嗅覚についても、またイヌに限らず動物の超常感覚的な、いわゆる「霊感的」な能力についても触れてみようと思います。

適切な繁殖や飼育、気質の評価、あるいは訓練といった基本的な理論を示す一方で、あなたのイヌが毎日をさらに自然に、満足に過ごすための方法や、どのようにわたしたち家族という群れ《パック》にイヌを組み入れたらよいか、とくに赤ちゃんが生まれたり、小さな子どものいる場合について紹介しましょう。

責任をもってイヌの世話をするさいの重要なルールは、身体的、心理的な福祉や動物の権利といった幅広い視点から考えてみます。また、簡単な芸を教える以上のことをしたい人のために、イヌに関する興味深くて価値のある知能テストも用意してみました。

イヌをより深く理解して正当に評価することで、楽しみはさらに増すにちがいありません。立場をかえていうと、イヌにとっても、このような飼い主のもとでの暮らしは潤いのある充実したものになるでしょう。この本を書く目的もそこにあります。

［1］平方文男・平方直美・奥野卓司・新妻昭夫訳／朝日文庫、一九九一

［2］友人、仲間、相棒といった意味で、人間と動物の関係を対等にみなすという意味が込められている。日本でもコンパニオンという言葉が定着しつつある。

水泳は、たいていのイヌにとっても、わたしたちにとっても、ごく自然に楽しめる運動である。写真提供 HSUS/Rummp

フォックス博士の

スーパードッグの育て方　目次

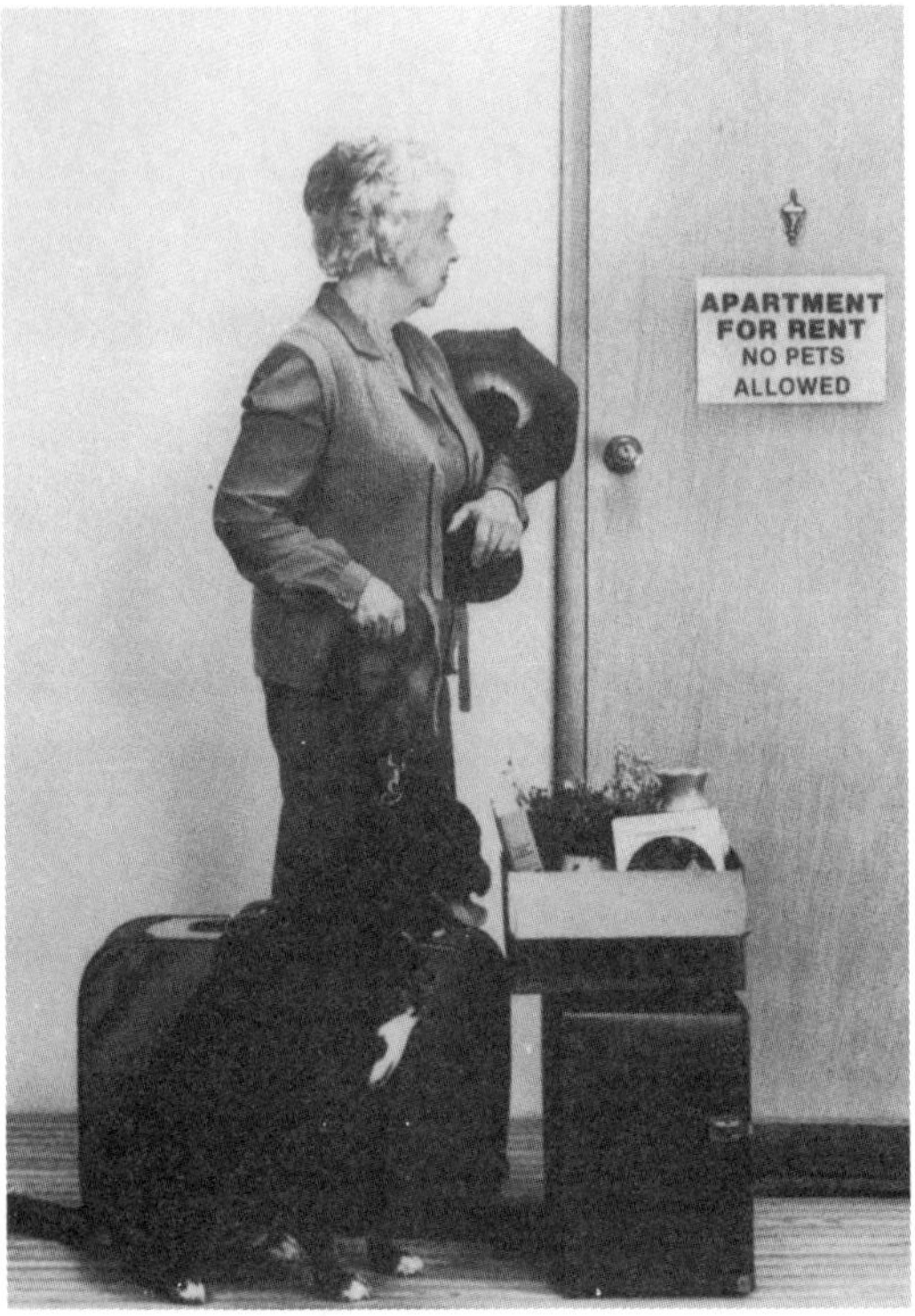

イヌに対して人間の社会への扉を閉ざす一方で、必要なときにはイヌを飼い、はかりしれないほどの恩恵をわたしたちは受けている。なんとも皮肉なことである。写真提供 HSUS

はじめに……個人的な回想

　家畜化されたイヌの歴史は、人間の歴史や人間と自然との関わり方の変化をそのまま反映している。昔も、そしていまでも、イヌはわたしたちの狩りの仲間であり、家族を守ってくれるよきパートナーでもある。しかしイヌは、こんにちの産業社会の進展や商業化のプロセスから逃れることはできなかった。人間はというと、鉄器時代、すなわち高熱利用技術の時代になって急速に人口が増加し、自然界に測り知れない悪影響を与えてきた。いまや原子核や遺伝子に介入する技術さえもつようになっている。人間と自然界とのおそらく最初の深い絆であるイヌやわたしたちの運命は、いったいどうなってしまうのだろうかと心配してしまう。

　イギリスですごしたわたしの幼年時代を振り返ってみると、楽しみといえば、イヌを遊び相手にして未踏の草地や沼、トウモロコシ畑、森林地、荒野を探検することだった。探検しながら、わたしはヘビのいそうな場所をイヌから学んだ。それだけではない。草地にあったキジの巣やキツネのねぐらの傍らにあったウサギの死体など、イヌが教えてくれたものは数知れない。荒野でライチョウを捕まえたイヌもいた。飛び立とうとしていたライチョウに素早く襲いかかったのである。わたしは、この小さな鳥を下拵えして、イヌと分けあって食べたのを思い出す。かつてイギリスの貴族たちは私的な猟区を設け、この鳥を「獲物」にしていたものだった。

子どものころ飼っていたイヌのなかには、病気を患ったり、シラミや腸炎、栄養失調、あるいは伝染病のために獣医の手当てを必要とするものがいた。当時、ジステンパー[1]という伝染病には、発病を防ぐワクチンや治療法がまだなかった。わたしの家族は、ローバーというイヌを飼っていたが、このイヌは放し飼いにしておかなければならなかった。というのは、ある冬の日に道に迷い腹を空かしているローバーを拾ってきたのだが、その前からすでにローバーは、子イヌだからと放し飼いにされていたらしかった。わたしの両親は、ローバーが病気になるのを恐れ、檻に閉じこめようとはしなかった。ところが、ローバーは隣の農場の乳牛を追いまわし、損害を与えてしまった。農場主は不満をあらわにした。農場中を追いまわされたため、乳牛からはほとんどミルクがでなくなった、というのである。結局、ローバーは殺されてしまった。

だが、イヌに追われることは、ウシにとってみればこのうえない楽しみだったろうし、体の小さなローバーがウシを傷つけるとは考えにくい。たとえ少量のミルクしか出なくなったにしても、物静かで往々にして筋肉にしまりのない不健康な酪農用のウシが、遊び盛りのイヌにあとを追われ、牧草地を走りまわることは、少なくとも元気づけにはなっただろう。イヌを怖がるヒツジとちがい、ウシは踵を蹴りあげたり、唸り声をあげながら跳ねまわったり、角をふりまわしたりする。追いかけてくるようイヌを刺激することさえある。農場主の掘った溝や有刺鉄線でウシは負傷したのであって、ローバーが傷つけたわけではないとわたしは思う。

ローバーの死によってわかったことは、ウシやイヌ、そのほかの家畜が、経済や勝手な都合のためにいかに制限された生き方を強いられているか、ということであった。

こんな思い出もある。ある日、ローバーをそこらじゅう追いまわして、首輪をつけて暗く静かな場所に入れた。そうするまで、わたしは怖くてしかたなかった。ローバーはすっかり何かに怯えている様子で、その目は虚ろであった。そして、わたしが誰だかわからず、まるで目にみえない悪霊から急いで逃げるかのように、歯を剝きだしにして飛びかかってきたのである。そのとき、ローバーの全身は震えていた。この出来事から数年がたって、イヌには「ランニング・フィッツ」という発作があることをはじめて知った。これは、イギリスで第二次世界大戦中にパンの漂白に使っていたエイジーン[2]が引き起こすイヌのヒステリーの一種なのである。狂犬病に似ているという人もいるし、わたしも、この病気に苦しむイヌが痩せ衰え、怯え、歯を剝いて唸っている版画を古書のなかでみたことがある。わたしは、その絵を長いあいだみつめていた。いつしか恐怖心はすっかり消え去り、このかわいそうなイヌを心配する気持ちでいっぱいになった。

こうした出来事が起こってまもなくのこと、小学校から歩いて帰る途中で何げなく地元の動物病院のフェンスをのぞき、裏庭に目をやった。わたしがみた光景はいまだに目に焼きついて離れない。なんと、裏庭にあった大きなゴミ箱は、ネコやイヌの死体であふれ、あたりをハエが飛びまわっていたのである。なぜこのような大量死が起こったのか知るすべもなかった。しかし、わたしはこの光景を目にしたときから、動物を救うためにできるあらゆることに努力をはらってきた。そして、九歳のときに、獣医になろうと決心したのである。

獣医になってかれこれ二五年がたつけれども、こうして子ども時代を振り返ることで、いまもなおイヌに深い関心を抱いている理由がわかっていただけるだろう。わたしは、あらゆる生き物への尊敬と畏敬の念を育む教育や、法律の制定を通して、動物の苦痛を少しでも軽減しようと獣医師として力を注いできたつもりである。

実はわたしも、イヌや子イヌの行動、脳の発達について実験的な研究をしてきたので、いわゆる生体解剖と縁がないわけではない。また、好奇心が強く意識の高い科学者たちの、何かのために役立ちたいという動機もよく知っている。幸運にも、偉大な科学者やノーベル賞受賞者に会う機会があった。自然や生きとし生けるものすべてに深い畏敬の念を抱いている人ばかりであった。残念なことに、彼らも動物を使った実験をおこない、真理の追究という名目で動物に苦痛を与えてきた。イヌやそのほかの動物を人間の利益のために実験対象とすることは、倫理的ではない。また人間の病気や苦痛を軽減させる方法を探るには、動物を使って実験したり、苦痛を与えたり、殺したりするのもやむを得ないという発想によって、あるべき姿をそこなっているのではないかと、いまではわたしは思っている。わたしたちがこうむる苦痛や病気の多くは、自らがもたらしたもので、たとえば、アルコールや脂肪の多い肉をあまりにも多く摂取し、不衛生で汚染された環境のもとで生活することによって生じるものである。つまり、経済や社会、政治、個人に疾患の原因があるのであって、何も動物の研究や苦痛に頼らなくともよい。すでにあきらかなことを実証するために、イヌのほかにもさまざまな動物を使い、長期間アルコールを飲ませたり、タバコの煙の吸入実験や脂肪分の多い餌を与える実験をしなくてもよいのである。また、最近まで軍事兵器のテストにビーグル犬が使われていたが、これも必要ないことである。動物の研究がほかの動物を救うことに役立つではないかという意見を、ここですべて否定する気はない。しかし、人間が引き起こしたさまざまな病気の治療法をみつけるために、どこにも異常がなく健康な動物をわざわざ病気にする必要はないし、すべきではない。それらの病気は、動物たちを家畜化し、選択育種し、基本的な動作や社会的な要求が制限された過酷な環境のもとで飼育することで、わたしたちが引き起こしているのである。多くの動物園や規模の大きな繁殖施設、動物実験施設、畜産工場においてはとくにそうだ。一九八五年に制定されたアメリカの法律には、実験室で監禁されているイヌは、大股で満足に二歩も歩くことができないような狭い囲いから、毎日、一定の時間、外に出さなければならない、との条文が組み込まれている。

愛犬家や純血種のイヌのクラブの多くが、全米人道協会(HSUS)[3]や、公的な助成を受けているその他の動物保護団体を支援してきた。こうした協会や団体は、動物の最低限度の生活水準を確保する運動をしている。このほかにも、不法な闘犬大会に反対する運動や、政府の認可を受けているにもかかわらず実験用の動物との理由で十分な世話をしない、イヌの取り扱い業者や非良心的で不潔な「子イヌ生産工場」に対する運動、あるいは子イヌの小売店に対する運動、あるいはまた、質が悪くて有害なペットフードや獣医用の医薬品を売る会社に対する運動など、枚挙にいとまがない。いまわたしは、全米人道協会の副会長として、先にあげたような運動はもちろんのこと、イヌだけでなくさまざまな動物の保護にもっとも力を入れている。この場をかりて、動物の世話をしている数多くの人々や愛犬家のたゆまない御支援に感謝したい。かつて、マハトマ・ガンジーは、次のように言った。「その国の偉大さと倫理観の発達のほどは、動物をどのように扱っているかという点で判断することができる」と。

［1］　ジステンパー（Distemper）：イヌにとっては致命的な伝染病として知られ、発病した仲間から感染する。後遺症として神経障害などが残るケースもある。予防注射を接種することが予防策となる。

［2］　エイジーン（agene）：パン用の小麦粉を漂白、熟成する食品添加物として使う三塩化窒素。

［3］　全米人道協会（The Humane Society of the United States）：一九五四年設立の非営利団体。法律や教育、研究を通しておもに動物の保護運動をおこなっている。動物保護活動に力を入れていることから、全米動物愛護協会と訳されることが多いが、非暴力の立場から人々への暴力行為に反対する共同声明を出しているなど、活動の範囲は広い。そこで、ここでは全米人道協会と訳した。

1 動物は意識をもっているか

動物には、思考力や先見力、洞察力があるのだろうか。また、推理する能力や理性をそなえているのだろうか。チンパンジーを除いた動物にはこうした能力などないのではないか、と思っている人が少なくないが、動物の行動と学習能力に関する科学的な研究や、コンパニオンとしてのイヌについて飼い主が経験したことによると、このような考え方はまちがっていることがわかる。それでも、動物は思考能力や感情のない機械のようなものだ、との見方をする人がいまだに後を絶たない。こうした態度は、神学や哲学にその歴史的起源がある。それによって人間は、動物より上位に位置づけられ、良心の呵責なしに彼らを搾取できるのである。

たしかに、動物の行動には生得的で機械的なものが多い。イヌが尾を振ったり、ネコがゴロゴロと喉を鳴らしたりするのがそうである。また、人間が笑ったり、ほほえんだり、涙を流したりするのも生得的な行動である。しかし、いつ誰に対してイヌが尾を振ったり、歯を剝き出しにするかについては、たとえば相手が仲間なのか敵なのかを見分ける能力がはたらいている。この識別する能力には、知的な推理力の萌芽がみられる。とくに、イヌが巧みに尾を振って、飼い主の関心を引こうとしたり、食事や遊戯、散歩をねだったりするときにはなおさらである。なかには、革ひもをくわえてきて飼い主に戸外に連れ出してくれるようねだったり、ボールをくわえてきて遊びに誘ったりするイヌもいる。こうした行動がただ機械的に条件づけられたものかというとそうではない。飼い主の反応を予測したり、期待するという複雑で象徴的な行動のうらには、推理力や洞察力がはたらいているからである。思考したり、次に起こる出来事について予測したりすることができないとしたら、そもそも革ひもやボールをくわえてくる行動はできないだろう。

しかし、イヌがいつも合理的な行動をするとは限らない。わたしたちがそうであるように、合理性に欠けたわけのわからないふるまいをすることがよくある。たとえばイヌでも人間でも、ヒステリックな精神状態やパラノイア（妄想症）になると、合理的な行動ができなくなる。ときどき感情や欲望を抑えられなくなるのは、何も人間だけではない。イヌもそうで、雄イヌが隣の家にいる発情した雌イヌのもとに行きたくて、反抗的に噛みついたり、激しく動きまわったり、家の外や庭を掘ったりすることがある。

だが、あまりに人間に引きつけて考えるのもいかがなものだろうか。たしかに、イヌは情緒面でわたしたちとよく似ているし、人間ほどではないにしろ、それに近い精神的な能力があるといえるかもしれない。ただ、無理に擬人化するのはよくない。わたしたちは抽象的にものを考えたり、直観で連想したりできるが、それとまったく同じ能力がイヌにもあると信じ込んでしまうのはまちがいである。

パイロットは、ひじょうにすぐれた知能と技術を使って、たとえばアラスカ州もしくはミズーリ州から、ペルーやメキシコまでの針路を定めることができる。一方、渡り鳥やオオカバマダラ

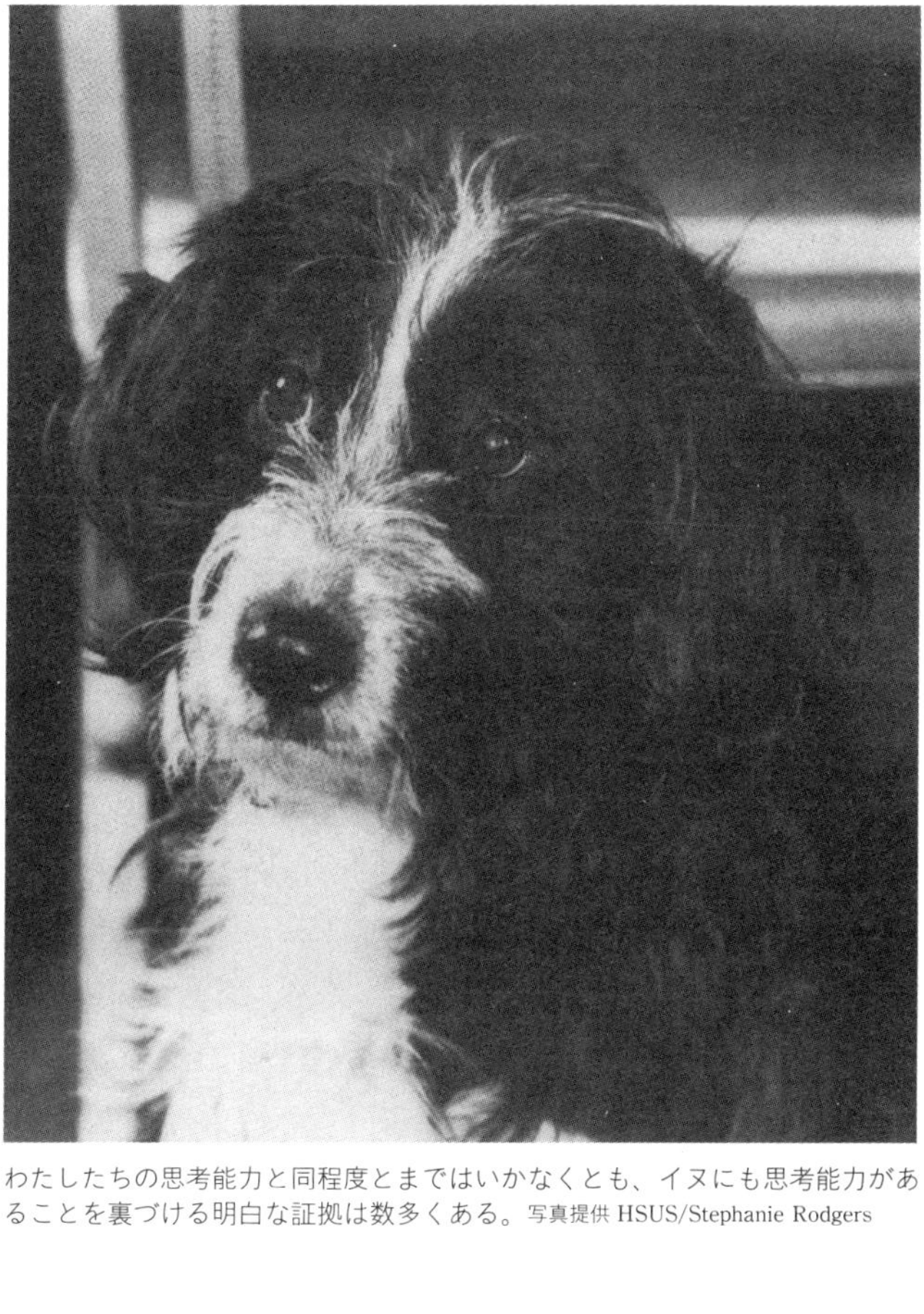

わたしたちの思考能力と同程度とまではいかなくとも、イヌにも思考能力があることを裏づける明白な証拠は数多くある。写真提供 HSUS/Stephanie Rodgers

[1]は、生得的に長距離を正確に移動できる。パイロットがコースを定める能力は学習したものである。逆に、渡り鳥やオオカバマダラのこのような能力は生得的なもので、おそらく目指す地点を意識していないはずである。しかし、この能力はたとえ直観的とはいえ、わたしたちが身につけた能力にひけをとらないほどすばらしいもので、すぐれた知能をもっているといえるだろう。

もう一つの関連した問題がここから浮かび上がってくる。動物は意識的な行動をしていないのだろうか、という疑問である。車の運転がそうであるように、一連の動作を習得すると、わたしたちは意識しないでもその動作を繰り返すことができるようになる。だが、かりにわたしが妻の車を運転するとしよう。そして、その車のシフトレバーは、いままでわたしが使っていた車のものとは様式が異なるとする。きっと運転に苦労するにちがいない。このようにわたしたちは、いったん学習して習得した動作を無意識のうちにおこなうことがよくある。これは、いくらか複雑な組みあわせの生得的行動をしている動物にもあてはまる。ようするに、わたしたち動物はすべからく習慣の生き物といえるだろう。

では、動物はどの程度、意識的な行動をしているのだろうか。この疑問を解くのはむずかしい。『動物に心はあるか』[2]の著者、ドナルド・グリフィン教授[3]と、『動物の思考』[4]の著者、スティーブン・ウォーカー博士はこの分野で著名だが、二人は、それぞれの本のなかで、動物には程度の差こそあれ意識的な行動がみられ、推理力や洞察力、知能的な行動をする能力もそなわっている、という結論を出している。賢い生き物は思考するし、動物の社会性や感情を顔や身体で表現する力に比例して思考能力も発達するというわけである。

さてコンピュータには、ある種の知能があるといってよいし、多くの動物、とくに昆虫には機械的ないしコンピュータ的な知能がある。電子工学的なものにせよ神経学的なものにせよ、動物にはある程度の意識がそなわっているといってよいが、どの動物種が自己意識をもっているかとなると、科学者たちはまだたしかな判断を下せないでいる。たしかに魚や鳥は、鏡に映った自分の姿にむかって攻撃を加えたり、求愛したりする。このような原始的なナルシシズムは、自己意識が欠けていることを示唆している。だが鳥は、自分が汚れるとくちばしで毛づくろいするし、魚は、自分が触れられているのか、何かに触れているのかを識別できる。つまり動物にも、自己意識、つまり反省的な思考能力の基礎的な構成要素がそなわっているにちがいない。子イヌや子ネコは、鏡に映った自分の姿をみてあたかもほかの動物であるかのような反応をするが、成長するにつれて自分の像を無視するようになる。これは、鏡に映っているのは、ほかの動物ではなく自分の像だとわかっていることを示している。つまり、自己意識があるように思われる。

動物の知能について狭い見方をする人がいまだに多いのは、ペットにしても、動物園や研究室、「畜産工場」の動物にしても、本来の才能を発揮しようにもその機会が制限されていることにも原因がある。動物に思考能力があることをこうした人々が否定し、しかも飼い主には学習行動とわかることを、ふつう単なる調教として片づけてしまうのもいたしかたないことである。

飼い主は、ペットに「芸」を教え込むことで、優越感や達成感、支配感、楽しみを味わうが、これも、イヌの才能について的はずれな見方をうえつけかねない。イヌのなかには、身体をぐるりと回転させたり、脚を伸ばして握手をしたりするといった無意味な行動はしないというはっきりとした意思をもったものもいる。また、食べもののごほうびを与えることがつねに効果的とは限らない。食べものをごほうびに与えても、映画やテレビに出演する高度に訓練されたイヌのような反応をしないからといって、鈍いイヌだと思うのはやめよう。いずれにしても、家庭のなかでの楽しみや商業上の利益のためにイヌに芸を教え込むことは、搾取的でイヌの品位を汚すことになりはしないだろうか。もっとも簡単な芸、たとえば食べものをもらうために吠える、あるいは命令したら身体をぐるりと回転させる、あるいはまた握手をするために脚を伸ばす、といったことをさせるのも、イヌを人間よりも劣ったものとみなしている証拠ではないかとわたしは思う。なぜなら、イヌが脚を伸ばしたり、身体をぐるりと回転させたりするのは、数ある「ボディーランゲージ」のなかで服従の意味をもつごく自然な行動だからである。イヌにこのような動作をさせるのは、いいかえれば服従的なディスプレイをさせることでもある。ようするに、優越感を味わいたい、あるいはイヌをコントロールしたいという人間の欲望を満たしているにすぎない（ただしわたしは、服従させる基本的な訓練を否定する気はない。この訓練は、イヌがわたしたちの生活に順応するには欠かせないし、わたしたちにとっても、イヌと暮らすうえで大切だからである）。訓練して、動物に不自然な行動をさせているもっとも極端な例をあげてみよう。サーカスやいくつかの動物園がそうである。そこでは、ライオンやトラが火の輪をくぐり、クマが踏み台の上でバランスをとりながらボールをまわしている。こうした光景は、デンマークなど理解あるヨーロッパの少数の国ではすでに姿を消しているが、もとをたどれば、人間は動物よりもすぐれているので動物をコントロールし服従させる力を誇示したい、というわたしたち人間の悲しむべき欲望の表れといえる。もちろん芸のなかには、推理力や洞察力といった動物の知的能力の研究をするさいに参考となるものもあるけれども。

この本のなかには、あとで述べるように数多くのテストが用意してある（16章と17章を参照のこと）。あなたのペットにはどの程度の思考力と推理力があるのか、評価の参考にしていただきたい。たとえば、柵を用意してみる。あなたのペットが柵の向こうに足を伸ばせるように、下のほうに十分なすきまをつくる。そして、パイの缶に糸をつけ、そのなかに若干の肉を入れておく。その糸の先に木片を結びつけ、柵のなかのしかもイヌの脚がとどく範囲内に置いてみる。ひどく空腹ならば、たいていのペットはすぐに脚を伸ばし、木片を引き寄せ肉を食べようとするにちがいない。この一連の動作を「洞察的行動（insightful behavior）」という。ある利口なイヌは、台所の腰掛けを壁のほうへとおしやり、跳び越えた。つまり、このイヌには洞察力と予測能力があることを裏づけている。洞察力と予測能力は、イヌやネコ同士が遊びの最中に、あたかも獲物を捕らえたり、待ち構えているかのようにお互い隠れたり、待ち伏せたりする場合にしばしばみられる。

思考力と推理力には、論理的に物事を連想する能力が必要になる。これについては、最近、あるシェトランド・シープドッグが証明してくれた。マフィンという名のそのイヌは、短時間とはいえ飛行機に乗ったことがある。おそらく、それがとても不快だったのだろう。いまでは、飛行機が小屋の上空にみえるとかならず不安にかられ、吠えたり、あたりを走りまわったりする。この行動は飛行機が飛び去るまでつづく。この行動から、思考力と推理力には、論理的に物事を連想する能力が必要になることがわかる。

コンパニオンであるイヌのなかには、飼い主の車の音を聞いて興奮するというように、思考力や推理力のもととなる識別力や直感力がすばらしく発達しているものが少なくない。とくに、一卵性双生児間のような微妙に異なるにおいを嗅ぎわける能力は、わたしたちよりもはるかにすぐれている。また、麻薬検出犬は洞察力にすぐれている。そのため、車のダッシュボードの裏側のような場所のわずかなにおいの変化にも敏感に反応し、隠された金銭やピストル、そのほかの物品も簡単に捜し当ててしまう。検出する方法などまったく教えていないのに、である。

ところで、わたしたちは物思いにふけったり、悩んだりすることがあるけれども、イヌはどうだろう。これればかりはイヌに聞いてみなければわからないが、たとえばイヌが不安なのか、怯えているのかは、誰の目にもはっきりとみてとれる。また、イヌも夢をみる。たとえばイヌの場合、眠っている顔や足の筋肉が痙攣したり、唸ったり、吠えたり、走るまねをしたり、あるいは射精をしたりすることがある。夢をみるということは、物事を想像する能力がイヌにあることを意味している。思考したり、思い出したり、識別したりする能力には、想像力が欠かせないからである。著名な科学者のなかには、これとはちがった解釈をする人もいる。イヌには言語能力がなく、象徴としてのはたらきをする言葉がないので思考力がない、という考え方である。しかし、これはあきらかにまちがいである。言葉にならない記憶や心のはたらきは、動物と人間に共通のものだ。そのうえ、多くの精神分析医やセラピストが指摘しているように、わたしたちの言語能力はそれを抑制することもできるし、強化することもできる。

柵の向こう側のイヌが、皿に取りつけてある針金を引き、食べものの入った皿を引き寄せて、問題を解決した。これは、一種の洞察的行動である。
写真提供 HSUS

ここで、わたしの記録を参考にしながら解説してみよう。イヌには、ときとしてひじょうに論理的な思考力や洞察力（目的を定めたりすること）、あと知恵（経験から学ぶということ）があることを証明するのに役立つかもしれない。

1……行動によって飼い主を巧みに操る

抱擁や愛撫をしてもらおうと、絶え間なく吠えたり、せがんだりするイヌをよく目にする。なかには、飼い主の関心を引こうと、脚が傷ついたふりをするものさえいる（同情を引く足の引きずり）。

2……観察による学習

イヌは、飼い主を観察して行動を学習することがよくある。玄関の呼び鈴をおしたり、ドアを開けたり、水洗便所の水を流したり、あるいは水道の蛇口を使用したりするのがその例である。残念ながらわたしの記録には、イヌやネコが自ら道具を使った例がない（あれば、イヌやネコの予測能力を証明するたしかな証拠となるのだが）。しかし、ラッコは、石を使ってアワビの殻を砕くし、「脳の小さい」サギ科の鳥は、疑似餌として羽を水面に落として魚を捕らえる。さらに、知的な行動のパターンのなかには、単なる観察による学習行動や模倣行動よりもさらに巧妙なものもある。たとえばあるコリー犬は、空腹になると足で冷蔵庫のドアの把手を引っ張り、飼い主に食べものを示し、空腹だということを、ドアを開け、吠えることで伝える。このようにはっきりした意思表示をすると、飼い主はいつイヌに餌を与えたらよいのかわかる。おそらくこのイヌ

別れの不安は、わたしたちもイヌも示す感情的な動揺の一種である。恐怖感や罪悪感、嫉妬心などもまた別の感情の表れで、イヌにもわたしたちにもある。
写真提供 HSUS/Richard Lakin

は、飼い主を訓練したのだろう。

3……象徴的行動

イヌは、体の動きや鳴き声よりもむしろ象徴的なものを使って、自らの要求や意思を表現することがよくある。たとえば、遊びたいときには、ボールやその他の玩具といったものを飼い主に提示（プレゼンティング）するのである。

4……模倣行動（自己と他者についての意識をともなう）

イヌのなかには、いつもの行動パターン以外に、人間のコミュニケーション動作をまねるものがいる。ヒューマン＝コンパニオンにあいさつするときに、人間の「笑い」をまねるのがそうである。片脚をあげて握手をしようとするのも模倣行動の一例だろう。

5……情緒障害(1)

この症状は、人間の疾患とよく比較される。たとえば、隔離による不安や憂鬱症、神経性食欲喪失症、恐怖、嫉妬、そして下痢や掻痒《そうよう》、癇癪《かんしゃく》、ヒステリー性下半身不随のような精神障害や心身症などである。これらすべての症状は、あらゆる点で人間の心のはたらきと似た精神活動の内面的な状態を示している。

6……洞察力と推理力による行動

野性のイヌ科動物は、狩りの仲間が追いつめる獲物を襲うために岩陰で待ち伏せる。また、あるイヌは低い仕切りの近くまで踏み台を運び足場をつくり、台所から居間へと跳びうつる。わたしの友人は、念のために台所の調理台から離れた場所に踏み台を移動させた。というのも、調理

イヌにとって棒は、創造的な遊びをする「道具」である。仲良く並んでいっしょに使ったり、一本の棒を奪い合ったり、追いかけっこしたりできる。
写真提供 HSUS

台ではフランス風ペストリーをつくる準備の最中で、イヌがそれに触れるとまずいと思ったからである。ところが、彼女が目を離したすきに、イヌは踏み台を調理台のそばに移動させてペストリーをほとんどたいらげ、ダイニングルームのテーブルの下に隠れていたという。あるいは、煙の吸入実験のために、ガラス瓶のなかに実験用のラットやマウス、ハムスターを入れたところ、タバコの煙を送り込む管に自分の糞をつめたとの報告もある。こうした行動は、洞察力と推理力をはたらかせて「道具使用」をした例である。

7……公平なやりとり

あるイヌが、子どもの寝ているベッドから玩具の飛行機をこっそり運びだした。子どもの母親は、イヌが台所に飛行機を運んで隠し、イヌ用のおしゃぶりをくわえてきて子どものベッドの上に置くのを目撃した。あるイヌは、コーヒーテーブルの上にあるチーズをねだったが、飼い主に「ダメだ」と言われると、台所からくわえてきたドッグビスケットを飼い主の膝の上に置いて物欲しそうにチーズをみつめる。また、捕らわれたオオカミの家族の行動を観察中に、子オオカミが小さな齧歯類を殺して食べはじめる場面を目撃したことがあった。子オオカミは唸り声をあげて、母オオカミとほかの子オオカミを近づけようとしない。そこで、母オオカミは、柵の隅に埋めておいた肉片を掘り出して、子オオカミのほうに運んできた。つまり、この肉片は、子オオカミを獲物から引き離すのに使われたのだ。母オオカミは、子オオカミに肉片を与え、子オオカミのとらえた獲物を食べはじめた。母オオカミは、力ずくで二カ月齢の子オオカミから獲物をとりあげることもできたはずだ。しかしこの場面では、洞察力と威圧力で、攻撃的な対決を避けたと

この二匹のテロミアンのように、攻撃的にぐるぐるとまわりながら、アイ＝コンタクトを保ち、耳と尾を立てるのは、オスの成犬同士でみられる典型的な対決行動である。このような行動からやがて……

攻撃的なやりとりへとつながることがよくある。しかしこれは、ふつう儀式的なディスプレイで、お互いがけがを負うことはまずない。
写真提供 HSUS

考えられる。

8……想像力

イヌには想像力(動物行動学の用語では「探索像」)がある。これは、「獲物」(たとえば、ネズミやマリファナの隠し場所など)を探索し、発見するイヌの行動から推測できる。子イヌの場合、ありもしない「獲物」を追いまわしたり、襲ったりして遊ぶことがある。このような行動を真空反応というが、こうした遊びからも、イヌに想像力があることがわかる。

9……ユーモアのセンス

じゃれあったり、わざと襲いかかったりという攻撃的ともとれる行動をするときには、この行動が本気でないことをある程度、お互いがわかっていなければならない。そうでないと、本気で攻撃したり防御したりすることになってしまう。そのような行動はあくまで冗談であって本気ではない、ということが理解できるのは、ユーモアを解するセンスがあるからである。これは、ネコやイヌなどの動物にみられる社会的遊びのなかに本来そなわっている特徴である。

10……世話をする行動

飼い主が、ある心理状態や意思を表現するために、イヌのボディーランゲージ(たとえば、遊びに誘うお辞儀など)をまねたり、イヌが理解できるような人間のコミュニケーション信号(相手の目をにらみつけたり、低く唸ったりするようなこと)を使ったりすると、イヌの心理状態や行動が変化することがある。これは単に条件づけられた行動ではない。むしろ、イヌがもっている異種間のコミュニケーションを成立させる能力を反映したものである。異種間でのコミュニケーションは、相手の心を読み取る能力なしには成り立たない。わたしたち人間がはっきりとした行動をとると、その意思や感情をイヌはくみ取ることができるようである。感情移入もこのカテゴリーに入る。感情移入は、相手の要求や感情状態を理解する能力で、もっとも発達した知的な相互作用といえる。例をあげてみよう。ある島に、目のみえない一羽のペリカンが数年間生息していたが、そのペリカンには群れが毎日餌を与えていたという。また、イギリスでは、あるジャーマン・シェパードが、盲目になったコッカースパニエルの世話をするようになった。このコンパニオンが出かけるときには、ドアを開けて、片耳をそっとくわえて引っ張りながら道を渡してやる。さらに、アメリカでは、一羽のカラスが、ある盲目のイヌのコンパニオンになり、そのイヌに餌を与えたりグルーミングまでしてやったそうだ。動物のこうした利他的な行動は、相手の身になって思いやるすぐれた能力であり、けっして人間特有のものではない。

11……動物には自己意識があるか

動物には記憶力がある。したがって、結局は自己についての認識（観察する自我？）があるということである。そのうえ、動物には縄張り意識があるので、テリトリーのなかでは自分の存在をアピールする。動物は、群れや家族における社会的ヒエラルキーのなかで仲間と関わりあいながら、相手より優位なのか劣位なのかを洞察しているにちがいない。

人間とほかの多くの動物とのあいだの類似点として、文字通りともに心を合わせ協力したり、情報を伝達したりする能力をあげることができる。複雑な社会構造をもっているミツバチやシロアリ、群れで狩りをするオオカミなどがそのよい例だろう。複雑な動物の社会をみていると、人間の社会のようにそれぞれのメンバーの願望や意思がうまく統合されているのがわかる。

言葉の理解力

わたしが飼っているベンジーという名のイヌは、わずかではあるが単語とセンテンスを理解することができる。「骨はどこにある」と尋ねると、低木の茂みのなかに入って骨を探してくるし、「公園に行こう」と言うと、門扉まで走ってくる。たしかに、わたしの言っていることがわかっている。つまり、わたしがベンジーの言葉を翻訳できるように、ベンジーにもわたしの言葉が翻訳できるのである。というのも、人間の語彙と同じように、イヌの語彙のなかには自分の置かれた状況や意図、期待といった要素が込められているからである。たとえば、公園にきているのに「公園に行こう」と言うと、ベンジーはまずわたしをみて、しばらくすると無視してしまう。つまり、余計なことを言っているのがわかるのである。すでに公園にきているのだし、いまさら公園に行く必要などないのだから。

さらに、ベンジーが骨をくわえているときに、「Get your bone（骨をつかめ）」と言うと、ベンジーは無視したり唸ることがある。もしかすると、「Bug off（立ち去れ！）」と言っているのだと解釈し、わたしがベンジーをだまして骨を取り上げようとしていると思ったのではなかろうか。そういえば、わたしたちが飼っているタイニーという名のイヌが、ベンジーから骨を横取りしたのをみたことがある。まず、タイニーは急に起き上がって柵のほうを向き、あたかも柵の傍を通りすぎるイヌがいるかのように吠えはじめた。すぐにベンジーは、くわえていた骨を放して、柵のあたりを調べはじめた。こうしてタイニーは、ベンジーから骨を盗む機会を得たというわけである。

動物もわたしたちと同様、言葉で相手を欺くことができる。では、いまとはちがう場所や立場にいる自分を言葉を使って想像してみることができるのだろうか。

ベンジーに「外に出ろ」とか「あっちへ行け」と言うと、その通りに行動する。ほかのイヌも、たとえばボールかスリッパをみつけるように命令すれば、階段を上ったり下りたりしてみつけてくる。もしも、そこにボールかスリッパが二つあるとすると、そのうちの一つだけをもってくるし、もう一つ取ってこいと言えば、残りの一つをくわえてくるだろう。このような方法で、お互いにコミュニケーションできる動物をわたしはあまり知らない。代表的な例としては、ある種のサルが発する鳴き声をあげることができよう[5]。そのサルは、仲間の発するよく似た鳴き声を聞き分けて、樹に登ったほうがよいのか、樹から下りたほうがよいのかを判断するのである。

オオカミの狩りは、待ち伏せしている仲間のオオカミのほうに獲物を追い込むというものである。しかし、どうやって情報を伝達しているのか、いまのところはっきりしていない。イヌの訓練士の場合は、目と手を使った合図だけで、イヌに「待て」をさせたり、走らせたりできる。その信号によってイヌは、その場にじっとしていたり、訓練士の方向に駆け寄ってきたりするのである。以前、訓練士と同じようなことをするイヌをみたことがある。そのイヌは相手のイヌの目をみつめ、目標とする方向へ頭部と視線を指示《ポイント》していた。狩猟隊を編成したオオカミも、目の合図だけで、仲間たちに「待て」や「追跡しろ」、あるいは「あの方向に逃げろ」といった情報を伝えることができる。そういえばいつだったか、公園でタイニーがベンジーに子イヌを指示したことがある。このときタイニーの合図をみたベンジーは、指示された方向にわずかではあるが走った。ベンジーの視力はそれほどすぐれているわけではなかった。あやうく子イヌに気づかないで通り過ぎそうになってベンジーは驚いた。たえず互いの信号に注意することによって動物は連絡をとりあっていて、とくに重要な「警戒システム」は、群れで狩りをするイヌやオオカミ、また被捕食者となるシカやカリブーのあいだでみられるものである。つまり、このように心を一つにすることによって、動物たちは危険に対する警戒をつねに怠らない。

この「警戒システム」は、まさにイヌと飼い主のあいだにもある。たとえば、ジャーマン・シェパードやシェトランド・シープドッグ、ボーダー・コリー（監視能力、つまり目と呼ばれるものをもつように特別に品種改良されたイヌ）など、とくに注意深い犬種には、ESP（超感覚的知覚）があると信じている飼い主がいる。わたしたちヒューマン＝コンパニオンの行動や言葉が通じるというのがその根拠らしい。飼っているイヌでも、しばしばわたしたちが何を言っているのかわかる。すでに学習した行動をしたり、期待を抱かせたりするような特定の言葉（たとえば、「お座り」という言葉がそうである）も理解できる。

サー・ジョン・ラボック（エイヴズベリー卿）は、記号を使ったコミュニケーションが成り立つかどうかいちはやく試みた人物である。一八八五年、彼は飼っていたヴァンという名のプードル犬に「読み」を教えようとし、ある程度まで成功した。英国科学振興協会（BAAS）に報告

群れ（パック）のリーダーを中心に、挨拶の儀式するオオカミ。オオカミの強い社会性の表れといえる。写真提供 HSUS

互いのにおいをかぎ合うパリア犬。写真提供 HSUS

された記録から引用してみよう。

この実験は、ヴァンという名の黒いプードル犬を対象におこなった。縦横およそ二五センチ×八センチの二枚の厚紙を使う。二枚のうち一枚には、大きな文字で「food（食べもの）」と書いてあり、残りの一枚は白紙である。その二枚のカードを一枚ずつ受け皿の上に置く。「食物」と書かれたカードの受け皿には、少量のパンとミルクを入れ、「food」という文字にヴァンの注意を向けさせてから、それを与える。これを一〇日間ほどつづけた結果、ヴァンは二枚のカードを識別するようになった。今度は、二枚のカードを床の上に並べて、カードをくわえてくるように命じてみる。この作業にもすぐにヴァンは慣れた。白紙のカードをくわえてきたら、そのカードをもとあった位置に投げ返し、「food」と書かれたカードをくわえてきたならば、パン一切れを与えてみる。一カ月もすると、カードのちがいをヴァンははっきりと識別できるようになった。そこでほかに「out（散歩）」や「tea（お茶）」、「bone（骨）」、「water（水）」と書いたカードを揃えた。同時に、「naught（ゼロ）」や「plain（平原）」、「ball（ボール）」といった、たいして意味のないカードも若干加えて試してみることにした。すると、すぐに要求したカードを運んでくるようになり、白紙のカードと文字の書かれたカードを区別するようになった。言葉のちがいに気がつくまでに時間はかかったが、徐々にいくつかの言葉を見分けるようになった。散歩に行きたいか、と尋ねると、数枚のカードのなかから「out」と書かれたカードを選び、うれしそうにくわえ、わたしのもとに運んできたり、得意げな表情でカードをくわえて玄関へと走るのである。カードはいつも同じ場所に置いてあるとは限らない。場所にこだわらず無造作に置いておく。ヴァンは嗅覚でカードを識別しているのではない。というのも、カードはすべて似ているし、つねにわたしたちが扱っているからである。まだこれだけでは心もとないので、それぞれの言葉に番号を記入した。たとえば、「food」と書かれたカードをくわえてくると、そのカードはもとに戻さず、同じ単語の記入された別のカードを床の上に置く。そのカードをくわえてきたら、三番目、四番目、というようにつづけてみる。結局、一度の食事で一八〜二〇枚のカードを使うことになった。この結果から、ヴァンは嗅覚でカードを区別しているのではないことがはっきりとわかった。ヴァンが一列に並んだカードのなかから必要な一枚のカードを選ぶところを目撃すれば、そのカードにヴァンの要求が込められているような気がするだろう。つまり、ただほかのカードからその一枚を識別しただけでなく、言葉と対象物とを関連づけていることは疑いない。もちろん、この実験は、はじまったばかりだけれども、きわめて示唆に富んでおり、これから先の成果が期待できる。ただ、動物の要求や願望には限度があるために困難をともなうだろうが。

（英国科学振興協会の報告書、一八八五年、一〇八九ページ、もしくは、『エイヴズベリー卿のライフワーク』（未邦訳）を参照のこと）

チャールズ・ダーウィンは、その著書、『人間の起原』[6]のなかで次のように述べている。「判断力や直観力、そして、愛情や記憶力、注意力、好奇心、模倣性、理性など、さまざまな感情や能力は、人間が誇りにするものだが、これらは、下等動物（ママ）においても未発達の状態で、ときには十分に発達した状態でみられることがわかってきた」と。では、動物には良心があるのだろうか。

モラルと良心

善と悪を判断するモラル、つまり良心を享有しているということは、精神的な発達（進化）を測る確実な指標にはならないとしても、心というものがあるのかないのかを知るうえで一つの尺度となりうる。ふつう動物は、ナルシシスティックで自己中心的な人間の子どものようにみえる。しかし、オオカミやイヌといった高度な社会生活を営む種では、成長するにつれてモラルと社会的良心のきざしが現れてくる。たとえば、イヌが服従的、あるいは不安げな行動をとると、何か悪いこと（たとえば、ランプの傘や台所のゴミ入れをひっくり返したり、食べものを盗んだりすること）をしたとわかる。このようなしぐさは調教しようと思ってもできるものではない。イヌは、なんらかの懲罰を予想しており、自分が悪いことをしたことにも気づいているのである。これは、良心のなかでもっとも基本的なもので、社会的に受け入れられることとそうでないこと、または善と悪といったことがある程度わかっていることになる。力のあるイヌは、ほかのイヌのテリトリーや餌となる骨に干渉しない。これは、社会的な良心がはたらいているからで、他者の利益や権利を尊重しているのである。オオカミの群れの第一位（アルファ）、あるいはリーダーが果たす「秩序を保つ役割」（順位の低い二匹のオオカミの闘争を制止したり、侵略者をその場にくぎづけにしたりする行動）は、良心のモラルと社会的な公平を保つためのディスプレイと解釈できる。ようするに、知恵や感覚、社会的な依存度が深まるにつれて、良心もはっきりとした形で現れてくるようである。つまり、相手の利益を認め、モラル的、社会的にみて正しいこととまちがっていることが判断できるようになるのである。この能力は、感情移入や利他的な行動とも関係している。

どうしたら相手を傷つけることになるのか、また、ある行為の結果が動物にあらかじめわかるならば、相手を傷つける行動を抑えたり、相手の立場にたった行動をとることができる（賢いイヌは噛みつかないものである）。このように、モラルや認識能力、利他主義は深く結びついているのである。

報告によると、火災を起こした民家から人間を救出したイヌもいるし、氷海に落ちた子どもを救助したイヌもいる。また、アラスカ地方に生息しているあるオオカミの群れは、負傷しているリーダーが再び狩りができるようになるまで、毎日餌を運んでいたという。イヌやオオカミには善と悪を判断するモラル、つまり良心があるということは、こうした利他的な行動の記録からもみてとれる。

(1)詳細を知りたい方は、
Fox, M. W. ed. 1968. *Abnormal Behavior in Animals.* Philadelphia : W. B. Saunders.『動物の異常行動』(未邦訳)
Fox, M. W. 1974. *Understanding Your Cat.* New York : Bantam Books.『ネコのこころがわかる本』奥野卓司・新妻昭夫・蘇南耀訳/朝日文庫、1991
Fox, M. W. 1974. *Understanding Your Dog.* New York : Bantam Books.『イヌのこころがわかる本』平方文男・平方直美・奥野卓司・新妻昭夫訳/朝日文庫、1991を参照のこと。

[1] オオカバマダラ(*Danaus plexippus*):鱗翅目マダラチョウ科の昆虫。アメリカ大陸の原産であるが、現在はオセアニアをはじめ、カナリア諸島まで分布している。中型。開張は九・五センチ前後。北アメリカ大陸では本種は二〇〇〇〜三〇〇〇キロもの渡りをするので有名である
[2] 桑原万寿太郎訳/岩波書店/一九七九
[3] Donald Griffin:一九一五年生まれ。とくに、コウモリのエコロケーションと渡り鳥の方向定位の研究で世界的に有名である。現在、ロックフェラー大学名誉教授。
[4] *Animal Thought,* London, Routledge & Kegan Paul, 1983(未訳)
[5] たとえば、ベルベット・モンキーの警戒声が有名である。警戒の声のうち三つは特定の捕食者に対応して、ヘビ・コール、ヒョウ・コール、ワシ・コールと呼ばれている。
[6] 世界の名著39 池田次郎・伊谷純一郎訳/中央公論社/一九六七(フォックスのここでの引用部分は、抄訳とした)

2 イヌの役割について

考古学上の遺物によると、家畜化された最初の動物はイヌであることがわかる。中石器時代の集落周辺でみつかったイヌの骨格化石は、オオカミというよりむしろディンゴ[1]に似ている。残念ながら、オオカミからイヌへの移行段階の形態は、いまのところ発見されていない。しかし、アジアオオカミ（*Canis lups pallipes*）がイヌの主要な祖先であるというのが学者の一致した見解である。わたしは、オーストラリアのディンゴ、あるいはアジア大陸や新世界のパリア犬に似ていなくもない野生のイヌが、イヌのおもな祖先ではないかと考えている。これら野生のイヌは、オオカミやジャッカル、コヨーテと各地で幾度となくかけ合わされた。皮肉にも、いまの自然界にはイヌの原種がいないように、ウマやウシの原種もいない。いま野生状態で生息しているウマやウシは、実は家畜化された種が野生に戻ったものである。野生化した種である、といったほうがむしろ正確かもしれない。とにかく、ウシやヒツジ、ヤギ、ウマ、そしてネコが家畜化されたのは、イヌが人間の焚く火のかたわらで最初に寝息をたて、人間の子どもたちといっしょに遊ぶようになってから数千年ものちのことになる。

このように、イヌのコンパニオン＝アニマルとしての歴史は、歴史学者や神話学者が黄金時代と呼ぶ初期の文明の時代までさかのぼることができる。そのころ人間は、小規模な拡大家族[2]と生命地域的[3]な氏族を形成し、採集狩猟生活 (gatherer-hunters)[4]を営んでいた。やがて、イヌは人間と生活をともにしながら旅をするようになる。イヌは、残飯の処理をする同行者だったし、その敏感な感覚で、ライオンや剣歯虎[5]のような危険な捕食動物の存在を知らせてくれる貴重な存在でもあった。人間が狩りをする場合にも、イヌの走力と探知能力がおおいに役立ったろう。また、イヌの体温は比較的高いため、夜になるとわたしたちの身体を温めてくれただろう。子どもたちにとっては保護者であり、よき遊び相手だったにちがいない。

黄金時代が終わり、人間がほかの種の家畜化を手掛けるようになると、イヌは、ヒツジやウシ、ヤギの番をするようにもなった。そのために、肉体的、精神的にもこの役割にもっともふさわしい子イヌを選択育種したのである。こうして新しい地域種が生まれた。その一方で、牧畜のために未開地の開発が進展するにつれて、狩猟域は次第に減少するようになった。ゲイズハウンドとよばれる狩猟犬、たとえば、サルーキやスコティシュ・ディアハウンド、グレーハウンド、ウィペット、のちのレトリーバーやポインターなどが、私的な猟区を設けて狩りを楽しんできた貴族たちに育種され珍重された。新石器時代、いわゆる「白銀時代」が終わり、工業や商業の中心都市が栄えるにしたがい、人間社会もますます多様化してきた。これに比例するかのように、イエイヌの品種も変化に富むようになったのである。いまわたしたちのまわりにはさまざまな種類のイヌがいる。その基本型となるイヌをこの時代に入念に選択育種して創り出したのである。貴族階級から珍重された小型犬やミニチュア犬はその一例といってよい。このほかにも軍用犬や猟犬、

イヌが人の代わりにおこなうもっとも古い仕事の一つは、ヒツジなどの家畜の群れをコントロールしたり、移動させたりすることである。群れに危害を加えないように、人間の必要に応じて、イヌ本来の攻撃性は抑制された。写真提供 HSUS

ターンスピッツ[6]、あるいは荷車を引くためのイヌ、そりを引くためのイヌなどがいる。なかには闘犬や食用として飼育されたイヌもいる。

文化によってイヌとの接し方は異なる。したがって当然、地域によってイヌと人間との関わり方にちがいがでてくる。レストランのなかには、ニワトリやウシ、ときとしてイヌを料理としてだすところがあるし、イヌに料理を出す、つまりテーブルに用意された食事をイヌに与えてもよいという店もある。ヨーロッパのあるご婦人は、休暇を取って香港のレストランを訪れたとき、彼女の連れていたイヌが誤って料理されてテーブルに運ばれ、気絶したという。そのイヌは餌をもらうため、レストランの厨房に連れられていったはずだった。

このように、イヌを食用の肉とみなす人もいれば、愛しいコンパニオンとして思いやりをもって接する人もいる。多くの社会では、どのような種類であれ、イヌを食べることは残忍な行為であるとの考え方がふつうである。

焼肉用や食用としてイヌを飼育するなどの残酷なことをする人もいるし、科学や医学、軍事の名のもとに、イヌを焼いたり、ガスで処理したり、毒殺したり、あるいは放射線を照射したり、射殺したり、感電死させたり、圧死させたりする人もいる。こんにちの産業社会では研究室で毎月、無数のイヌがこのような目に遭っている。それでも皮肉なことに、産業界でのイヌの評価はきわめて高い。たとえば、神経症や心身に障害のある人、施設に入っている人にとっては、精神的な支えであり、セラピストの助手役でもある。イヌに助けられている人や、あるいはホーム＝コンパニオンや遊び仲間、番犬としての関係を楽しんでいる多くの人にとっても、生体解剖の実

イヌ本来の行動のなかには、狩りにいっそう役立つコンパニオンにするために、修正されたものもある。その結果、獲物のありかを飼い主に指示《ポイント》するイヌ（上）や、獲物をもちかえる《レトリーブ》イヌ（下）が登場した。写真提供 HSUS

験台としてイヌを扱うことは、モラルに反した、感情を逆撫でする行為なのである。イヌに限らず動物は、化粧品や家庭医薬品、除草剤、軍事兵器などのテスト、はては人間が自ら引き起こした数知れない病気の原因究明のために、病気や苦痛を負わされているが、こうしたことがはたして倫理的、あるいは科学的にみて妥当なのかどうか疑問を抱く人が増えつつある。

動物保護を主張する人のなかには、菜食主義で自らのイヌにも野菜を与える人が多い。たしかにネコは、肉を除いた餌はあまり食べないけれども、イヌの多くは、肉なしの餌でも成長する。

こんにちでは、イヌはさまざまな役割を担っている。なかには、新しく生まれた役割もあるし時代遅れのものもある。菜食主義のイヌがいるかと思えば、盲導犬やセラピストの助手役をはたすイヌ、爆発物や麻薬の捜査犬もいる。一方で、血友病や癲癇《てんかん》の症状を示すイヌを飼う犬舎がある。人間の症状に似た医学上のモデルとして、これらの遺伝的疾患のイヌを入念に選択して育種するのである。また、飼い主や馬に付き添ってキツネ狩りをしたり、一般に狩りの獲物とされるクマやクーガー、イノシシ、アライグマなどの野生動物を仕留めるのを手伝うイヌの犬舎もある。このようなイヌには、調教師が操作する電流式の首輪が取りつけてあるケースが少なくない。もしも狩りがうまくいかなかったり、野外での訓練や競技会で思うように行動しなかったりした場合には、電気的な刺激を与えるのである。

イヌぞりレースに参加するなど、頻繁に野外に出る機会があるならまだしも、犬舎から一歩も外に出ることのできないイヌもいる。たとえば、飼育場でブリーダーが繁殖用に飼っている雄イヌや雌イヌがそうだ。こうした飼育場では、人気の高い、いわゆる「エリートの子イヌ」や異種交配した「コッカプー」[7]、「シープー」[8]といった子イヌを育て動物の小売店に卸す。その一方で、すぐれたペット店では、地元の繁殖家と協力し、顧客が子イヌを選んだり、子イヌが新しい社会に受け入れられるよう手助けしている。いまでは自宅でイヌを繁殖させることも、往診してくれる獣医の存在も稀ではなくなってきたが、一方で「ナチュラルドッグ」、つまり雑種犬も珍しくなく、ほとんどの都会の動物シェルター[9]で簡単に手に入る。

このように、イヌに対する見方や扱い方が変化し、多様化してくると、人間とイヌの関係をめぐる新たな現象が生まれてくる。森林労働者のなかには、マイマイガ[10]や林業害虫を探し出すのにイヌを用いる人がいる。いままで農業経営者たちは、コヨーテや野生化したイヌからヒツジを守るためにイヌを飼うだけでなく、雌ウシの発情期を見分けるためにイヌを使いはじめている。また、問題のある子イヌを飼っている人のための、イヌ専門の心理分析医や動物行動コンサルタントとしての仕事や、イヌを失った深い悲しみを乗り越えようとしている人の手助けをするカウンセラーも登場する。

わたしが獣医専攻の学生のころだから、いまから三〇年ほど前になるだろうか。こうした進展を予想することは、当時の仲間の物笑いの種となり、現実のものとなったときでさえ、豊かな社会を反映した度のすぎた感傷と片づけられてしまった。だが、そのような進展は、次のような認識が広がってきていることと関係があるとわたしは思っている。つまり、ほかの動物のようにイヌにも感情があり、人間と同じような心の悩みがあるかもしれない。また、イヌを大切な相手としてかわいがるのは別に異常なことではなく、仲のよかったコンパニオンを失った悲しみや罪の意識、怒りといった感情を乗り越えるために助けを必要とするのも不自然なことではない、という考えである。愛することは、病気ではない。それに、動物をいとおしむ気持ちは、まちがった感情転移ではないし、愛犬の死を深く悲しむことも、けっして感傷趣味ではない。

現代は、ある意味では感じやすい時代ともいえるけれども、何世紀ものあいだイヌが担わなければならなかった一つの伝統的な役割が、姿を消しつつある。闘犬がそうである。闘犬は公衆の娯楽や個人的な利益のために、ほかのイヌと闘争するように育種、訓練されたのである。一方では、健全な伝統的役割が形を変えながら、いまもなお数多く残っている。たとえば、ボーダー・コリーやケルピーなどの牧羊犬を飼っている人は多い。しかし、肝心なヒツジがいないので、ヒツジの番をする能力があるのかどうかたしかめようもない。そこで、飼い主たちはクラブをつくり、どのようにしてイヌがヒツジを扱っているのか学んだり、ふだん都会や都会周辺で生活しているイヌにヒツジの番をさせてみたりしている。また、基本的な訓練を受けさせ、イヌを動かして楽しんだり、競技会に参加している人もいる。そこではイヌは、獲物をもちかえっ《レトリーブ》たり、あるいは足跡を追跡するだけではなく、体を機敏に動かす、簡単な問題を解くといったこともおこなっている。高度に熟練したイヌは、人けのない場所で道に迷った者や地震被災地で瓦礫の下敷きになっている人の救助活動にもたずさわっている。

こうしてみると、はたしてイヌのいない世界が想像できるだろうか。イヌは、そのすぐれた技能と属性で、わたしたちの生活に潤いを与えてくれている。たしかに、イヌが最初に家畜化されたころからくらべると、現在のイヌが担っている役割は変化してきている。集落での番犬や残飯

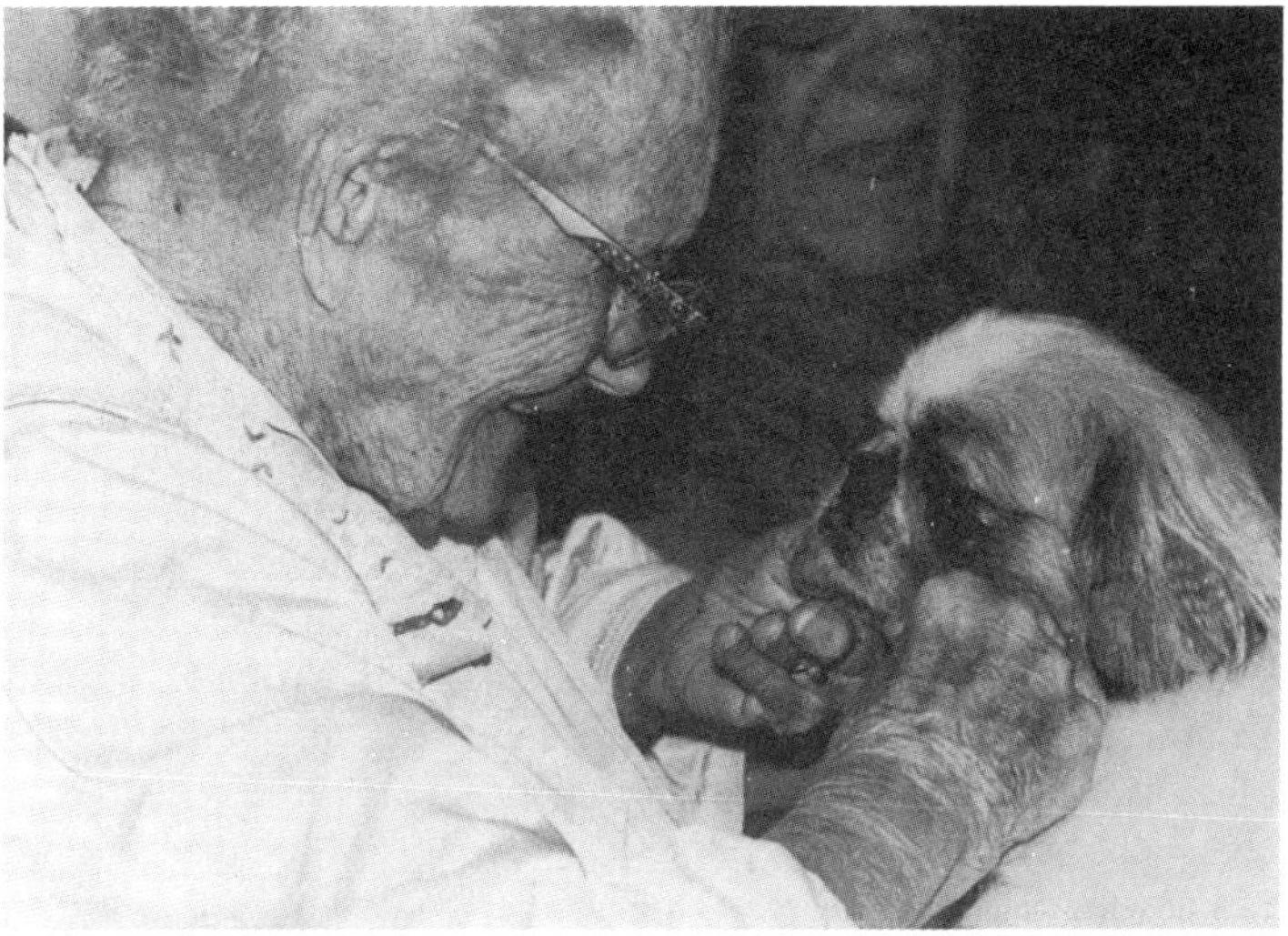

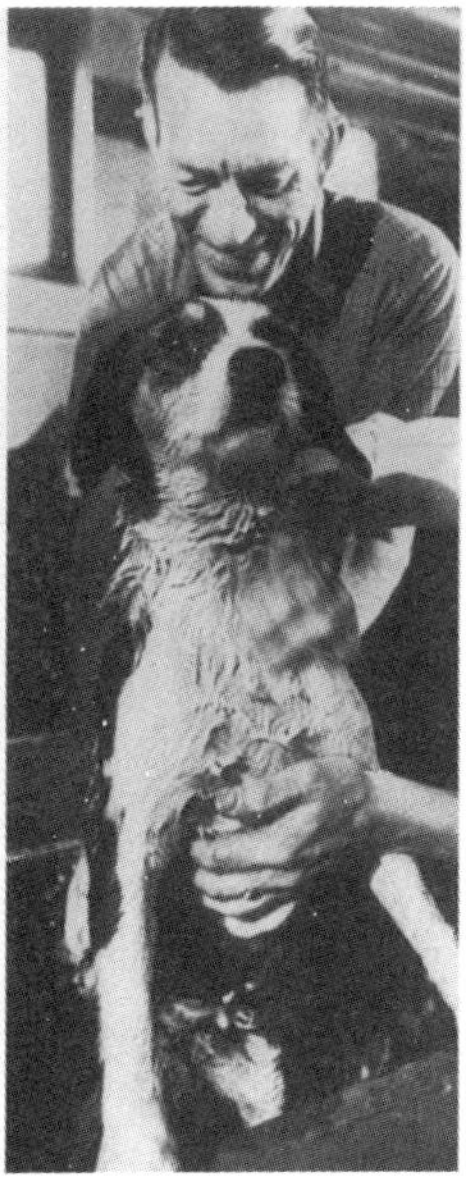

ちかごろ、老人や情緒的に不安定な人、自閉症の子どもたち、末期患者にとって、イヌがさまざまな形で役に立ち、治療上の効果もあることがよくわかってきた。この能力をいっそう理解することで、従来なら何もすることもできなかった人々に対し、手をさしのべることができるようになるだろう。写真提供 HSUS、上 Humane Society of Wichita County, Texas、下 Milwaukee Sentinel

処理係、あるいは狩りや家畜の番をしたり、子どもたちの遊び仲間になったり荷物を運んだり、軍用犬になったりと、長いあいだ人間の歴史と歩みをともにしてきたし、これからもわたしたちの暮らしや文化には欠かせないにちがいない。いくらか飼い慣らされ、人を頼りにするようになっていたとしても、人間と動物界を結ぶきわめて重要で信頼できる存在であることに変わりはないだろう。もしも、野生動物や家畜化した動物ばかりでなくすべての生き物への敬意と敬愛の念をわたしたちが忘れないでいられるとしたら、それはイヌのおかげでもある。

オオカミの群れの行動に関する研究は、集団のなかでの優劣や愛情、協調性、群れとリーダーに対する忠実さ、子どもへの協力的な世話などにもとづいた複雑な社会秩序をあきらかにした。イエイヌの唯一の祖先はオオカミであるという考えには賛成しかねるが、オオカミとイヌとの比較研究や、放浪性のパリア犬と野生化したイエイヌとの比較研究によると、イヌの心理や社会生活のあり方は、社会生活を営むオオカミのそれとよく似ていることがわかった。このような類似点があるために、人間の家族を群れの代わりにして暮らすことにも、容易に適応できるのだろう。そのうえ、身体の大きさや外皮、形態の異常を遺伝的に受け継いで身体的なハンディを負っていないいわゆる平均的なイヌには、野生化する能力が十分にあることから、イヌの精神、あるいは心がイヌ科のオオカミと比べて、退化したり劣ったりしているとはいえない。野生化したイヌは、残飯や腐肉をあさって食べたり、獲物を自力で、あるいは群れと協力しながら捕獲することができるのである。つまり、何百万年という進化の過程で身につけた本来の気質と本能的な知恵というものは、家畜化されてたかだか数千年という時間では、とうてい消えないことを証明している。

こんにち、労働犬の果たす仕事は、野生のイヌ科動物の行動パターンがもとになっている。フォックス・ハウンドの群れ（上）の機能は、野生のイヌ科動物のそれとよく似ている。一方、ボーダー・コリー（下）は、ヒツジに接近するさいに、狩りの行動が緩和された形で現れる。写真提供 HSUS

しかし、誤った育て方をすると、先に述べたような性質も台無しにしてしまいかねない。本書であきらかにするように、イヌの種類や身体の大小には関係なく、もともと備えている潜在的能力のなかでもっともすぐれたものを引き出すにはさまざまな方法がある。ただし、「スーパードッグ」を育てる方法を述べるにあたって、本来の姿を改善できるとか、しなければならないといった思い上がった態度はけっしてとりたくない。改善をするまえに、本来の姿を理解し、敬い、それにしたがうべきである。歴史が物語っているように、進歩や成熟といった人間中心の見方は、人間や自然界にとって害になることはあっても役に立つことは少ないからである。

オオカミの習性についての知識が増えたので、いまではオオカミをペットとして飼う人も多い。ただ、どのような野生動物であってもペットとして飼うことは好ましくないとする風潮が強くなっているため、オオカミを飼うかわりにオオカミとイヌの交配種を飼う人もいる。オオカミをほんとうに愛するなら、オオカミと掛けあわせてペットとして売り出したり、飼育したりするよりも、オオカミの保護や生息地の保存に力をつくしたらどうだろうか。そもそもオオカミとイヌの交配種の第一世代は、情緒的に不安定なことが多く、ましてオオカミ同然にふるまうため、家庭のなかではかならずしもうまく育つとは限らない。また、家畜化されたイヌにオオカミの属性を取り込もうとする試みは、必然的に粗暴な交配種を生み出す結果に終わるだろう。檻に閉じ込めると、異常に活発に動くし、欲求不満もつのる。そのうえ人見知りをするので、不慣れな人には扱いにくい。どうしてもイヌの精神状態を改善したいならば、すっかり家畜化されたイヌに野生の動物の属性を取り込むよりも、イヌのすぐれた性質をみつけだして、伸ばしてやるほうがまだしもよいのではないだろうか。

「ピーターパン」犬（'Peter Pan' pooches）と呼ばれる終生の子イヌがいる。いつまでたっても成長しないようにみえるイヌのことである。荒野を人間のイメージにつくりかえ、オオカミが消滅したことを嘆いている人たちは、こうしたイヌを軽蔑している。ほんとうは、イヌはつねにイヌなのだ。わたしたちが自然の神秘に目をみはる感性や畏敬の念を忘れたとき、イヌの活発な性質は失われるだろう。イヌに限らず生きとし生けるものは、聖なる信託によってわたしたちとともに暮らしている。なかには、イヌを財産の対象やステータスシンボル、仕事仲間として考えている人もいるだろう。あるいは、遊び仲間、もしくはコンパニオンとしてとらえるにしても、この聖なる信託は冒してはならない。ひどい扱いを受けてきたイヌはともかくとして、イヌというものは、信託にしたがって生き、しばしばわたしたち人間にも欠けている敬意や誠実さ、従順さ、寛容さ、謙遜、共感、惜しみのない愛情といったすぐれた資質を発揮する。むしろ人間のほうが、この信託を裏切ることが多い。イヌは、結局のところわたしたちよりも神に近い存在なのかもしれない。神の似姿として人間は創られた、と主張する人もいるかもしれないが、わたしたちが動物たちの聖なる側面に無関心で無頓着なら、とても神の似姿などおよびもつかない。ようするに、イヌは人を人たらしめる高度な資質を身をもって示し、わたしたちの非人間性に苦しみつつも、まさにその存在によって聖なるものの顕れをみせてくれるのである。どのようなイヌも神の賜物であり恩恵であり、わたしたちが感謝し祝福すべきものなのだ。もしも、こうしたことを忘れたり、良心や思いやりの心なしにイヌやそのほかの生き物を自分本位にひどく扱ったりしたならば、聖なるものを冒瀆したことになる。それはとりもなおさず、地球上の生き物のなかでわたしたち人間がもっとも低位の動物ということになるのである。

[1] ディンゴ（*Canis dingo*）：オーストラリアに野生するイヌに似た哺乳類、食肉目イヌ科。
[2] 拡大家族（extended family）：子女が結婚後も両親と同居する家族の形態。複数の核家族からなる大家族。
[3] 自然的・生態学的共同体を構成している場所、地域などを「生態地域」（bioregion）、あるいは「生命地域」とよぶ。
[4] 採集狩猟：人類史において、狩猟より採集にウエイトが置かれていたことを示す。従来は「狩猟採集（文化、段階）」という表現がふつうであったが、最近は「採集狩猟（文化、段階）」ということが多い。
[5] 剣歯虎（saber toothed tiger）：スミロドンともいう。食肉目ネコ科に属する絶滅獣の一属。アラスカ、北アメリカ中南部、南アメリカのブラジルやアルゼンチンの第四紀更新世の地層から化石として発見されている。
[6] ターンスピッツ（turnspit）：焼き串をまわす踏み車を動かすのに使われた脚の短い子イヌ。
[7] コッカプー（Cock-A-Poos）：コッカー・スパニエルとプードルの交配種のこと。
[8] シープー（Shi-Poos）：シー・ズーとプードルの交配種のこと。
[9] 動物シェルター（animal shelters）：捨て犬、捨て猫の保護、収容などをおこなう施設。
[10] マイマイガ（*Porthetria dispar*）：ドクガ科の蛾。日本では法定の森林害虫。世界各地に分布。

3 イヌのコミュニケーション術

イヌの話すことがわかれば、イヌが要求していることや感じていることを簡単に理解できるようになるだろうし、無理なくイヌを扱えるようにもなるだろう。そのうえ、イヌとの関係も深みを増し、満ち足りたものになるにちがいない。イヌには、ディスプレイ（誇示）と呼ばれる、体を使った実に多様な意思表示の信号がある。刺激されたり、警戒したりするさいイヌは尾と耳を立てるが、こうした姿勢から、感情的な反応や行動の意思をディスプレイするさまざまな姿勢をとることができる。攻撃的になったイヌが、ぎこちなく尾を振り、相手をにらみつけ、歯を剝きだして唸ってはいるが、それに反して後ろに体重をかけ、尾を下げるポーズをとっているのをながめてみよう。これは、積極的な攻撃姿勢とはいえない。むしろ怯えた、あるいは防衛的な攻撃姿勢である。この姿勢から、耳を後ろに倒して頭につけ身動き一つしないか、または地面すれすれまで身体を低くするしぐさをすることがある。これは、完全な服従のディスプレイである。それてなかには、寝返りを打って、これとは別の受動的服従の姿勢をとり、子イヌのように服従的な放尿をするイヌもいる。イヌのディスプレイには、ほかに受動的服従とは異なる能動的服従のディスプレイがあるが、この場合、イヌは身体を低くしたまま尾を振り、服従的な挨拶のしぐさをする。さらに、遊びに誘う友好的なディスプレイもあり、イヌはお辞儀をして尾を振り、場合によっては前脚のどちらか一方を持ち上げて、せがむようなしぐさをすることもある。

この遊びに誘うお辞儀は、伸びをする動作、つまりあくびをしてリラックスした態度を相手に伝える動作に由来しているとの説がある。伸びにともなう動作は、まじめにとられないようにリラックスした雰囲気を醸しだす信号としてはたらいているのである。いいかえれば、遊びに誘うお辞儀は、そのあとにつづく攻撃的に噛むまねをしたり、突進したりといった行動が、けっして本気でしているのではなく、遊びでしているという信号なのである。

能動的服従のディスプレイ、あるいは挨拶をするしぐさや遊びを誘うさいのお辞儀は、仰向けになる受動的服従の動作よりも友好的な感情表現で、わたしたちがイヌとコミュニケーションをとるさいに、まねをすることができるボディーランゲージの一つでもある。子どもたちが自分のイヌや顔見知りのイヌと遊びたいときには、この遊びを誘うお辞儀の動作をまねるようにするとよいだろう。

イヌのディスプレイやボディーランゲージを詳しく観察してみよう。イヌは心理状態が変わると同時に、体のほうも大きくかまえたり、縮こまったりしていることに気がつくはずである。ゆったりとかまえたディスプレイには、強気、攻撃的、威圧的な意味のほかに、じゃれるという意味が込められている。一方、縮こまった様子のディスプレイは、恐怖心や敵対心、受動的服従と関連がある。人間の場合と同様に、イヌのなかにも、気が小さいものや態度の大きいものがおり、身体や頭部、尾の動かし方を参考にしてイヌの個性をある程度、正確に読み取ることができ

受動的（服従的）なポーズをとる前に、劣位のイヌは、片方の前足を上げ、服従の笑いをみせ、耳を後方に倒す。優位のイヌは、鼻をなめるしぐさとともに体の側面を相手にみせる。写真提供 HSUS

攻撃的な出会いをしたときの優位なイヌと劣位のイヌが示す姿勢。優位なイヌは、尾を垂直方向に持ち上げ、首まわりの毛を立てる。一方、劣位のイヌは、受動的な姿勢をとって、唸り声をあげ、耳を後方に倒す。

るだろう。しかし、生まれつき服従するイヌもいて、きまりの悪い思いをする飼い主もいる。つまり、飼い主がペットを虐待しているのではないか、と受けとられかねないからである。

イヌが身体を横たえる受動的服従の動作は、友好的な感情表現である。友好的で服従的なイヌは、自分よりも優位なイヌに対して、身体を横たえて上になったほうの後ろ脚をもち上げて、鼠《そ》蹊《けい》部や股のつけ根のあたりを露出してみせる。このディスプレイではとくに子イヌの場合、服従的な放尿をともなうことがよくある。放尿したイヌを叱るというまちがいをする飼い主をよくみかけるが、これは服従の信号なのだからけっして叱ってはならない。

コンラート・ローレンツ博士は、その著書『人、イヌにあう』[1]のなかで、「劣位のイヌは、完全に降参するという信号として、身体のなかで急所とされる喉を自分よりも優位なイヌに示す」としているが、これは事実ではない。オオカミやイヌは、服従の信号として鼠蹊部を提示するのである。実は、この動作には親の世話が関係している。そこで、鼠蹊部を露出するディスプレイの謎を解いてみることにしよう。放尿と関係のある受動的服従のディスプレイは、母と子のやりとりに由来している。たとえば、生まれてまもない子イヌは自分で放尿することができないので、母親が鼠蹊部に近づいて性器をなめ、反射的に放尿させるのである。このきわめて適応性に富んだ行動によって、巣の清潔を保つ効果もある。子イヌは母イヌの刺激がないと排尿しないうえに、母イヌが子イヌの排泄物をなめるからである。子イヌは成長するにつれて母親から刺激を受けなくても放尿するようになるが、鼠蹊部に触れられると依然として受動的な行動をとる。つまり、放尿という行動には、服従的な信号が込められていることになる。

イヌが友好的な様子で近づいてくるときには、あなたにお尻をむけて鼠蹊部や腹部をみせるだろう。ここで鼠蹊部に触れてやるのは、人間同士が握手をするようなもので、友好的な証である。もし、見知らぬイヌが近づいてきたとしても、鼠蹊部をみせないようならば、鼠蹊部周辺に触れるのは控えたほうがよい。鼠蹊部は、ボディーランゲージを通してイヌとのコミュニケーションをはかるうえでもっとも重要な部位となるからである。鼠蹊部のほかにも鼻口部（鼻づら）などの重要な部位がある。次にこれらのことを簡単に話すことにしよう。

危険をはらんだ出会いの場合、イヌはあたかも性的な衝動に駆り立てられたかのように相手のイヌにマウントしようとすることがある。このようなマウンティングと抱擁行動を、性行動と解釈する人が多いが、ほんとうは優位性を示す信号であることが少なくない。この行動はイヌや霊長類に限らずほかの動物にもみられる。また、尾を振る行動がいつも友好的な信号と誤解するむきもあるけれども、尾の振り方が不自然なときは、相手よりも優位で攻撃の意思を示すケースもある。

イヌがひもで引かれて飼い主と散歩にでかけると、ほかのイヌに対していつもより攻撃的になることがある。実は、飼い主もテリトリーの一部なのである。イヌを連れた飼い主は、見知らぬイヌが近づいてきてもじっとしているべきである。大声をあげたり、ヒモを引っ張ったりすると、飼い主のイヌは刺激を受けて相手のイヌを攻撃しかねない。二匹のイヌが出会うと、ふつう一方のイヌは受動的となり、他方のイヌが自分の体を調べるのを許す。調べているイヌは次第に受動的になり、今度は相手のイヌがにおいを嗅ぎはじめる。こうした本来なら平和的であるはずのやりとりも、一方のイヌがじっとしていないで相手ににおいを嗅がせなかったり、あるいは飼い主がヒモを引っ張って、相手のイヌから引き離そうとしたりすると壊れてしまうのである。

イヌが近づいてきて、においを嗅いだり、調べはじめたりしてもじっとしていることである。そうすれば、イヌの攻撃を避けるのに役立つはずだ。イヌが相手のにおいを嗅いだり調査をしたりするのは、異常な行動ではない。これが理解できていれば、イヌに噛まれるという相変わらず後を絶たない事態を確実に減らすことができるだろう。イヌが攻撃をしかけるのは急に動いたりするからである。しかし、イヌやわたしたちは、攻撃的なイヌに出会ったり吠えられたりすると、つい動いたり逃げようとしたりする。これはもっとも致命的なことだ。そうなると、追いかけられたり噛みつかれたりする危険性は、飼い主やそのイヌがじっとして、相手のイヌが近づいてきたり調査したりすることを受け入れる場合よりも高くなってしまう。

では、あきらかに攻撃的な意思を示しているイヌにはどのように対処したらよいだろうか。このような場面で、果敢にそのイヌに挑んだり、そのイヌをじっとみつめて挑発することもできるが、まったくの無関心を装ったり（無関心を装うのは、自分の優位を暗にほのめかすことでもある）、穏やかなやさしい声で話しかけたり、言われたことに従うようそのイヌが訓練されていることを期待して、「お座り」や「待て」、あるいは「帰れ」と命令するとよい。しかし、いざとなれば、着ているコートまたはジャケットを脱いで腕に巻きつけて身を守るしかない。そもそも、冷静さを保っておとなしくしていれば、イヌに襲われることなどめったにない。わずかでも後ずさりしたり、不安な素振りをみせるから、攻撃的なイヌは襲いかかってくるのである。

なぜイヌは人に嚙みつくのだろうか。この疑問をわたしが重要視してきたのには理由がある。アメリカでは、イヌに嚙まれる人が毎年百万人を下らないとされているからである。こんなに多くの人が嚙まれるのは、人とイヌとの関わり方がどこかひどく歪んでいる証拠ではないだろうか。イヌのボディーランゲージを理解していない人や、見知らぬイヌが近づいてきたらどのように対処すればよいのかわからない人などが多いのも、原因の一つだろう。わたしは、理由もなく嚙みついたりするイヌがいるのは、誤った育種にもその一因があるにちがいないとも思っている。嚙むのを抑制する能力は、イヌに遺伝的に受け継がれるものであり、選択されるべき生得的行動だからである。誤った育て方をされたイヌは、子イヌのうちに、飼い主を自分の両親と同じように群れ《パック》のリーダーとして認識する社会的な順応ができていないため、誰彼となく嚙みつく非行イヌとなってしまう。わがままに自由奔放に育てると、たいていこのようなイヌになってしまうのである。

イヌが嚙みつく行動については、もう一つの側面を強調しておくべきだろう。たとえばイヌは、食事の最中に子どもが突然近づいてくると、自分を脅かす存在と解釈することがある。これを「生物学的偶発事故（biological accident）」とわたしは呼んでいる。イヌは、ジョギングをしている人や自転車に乗っている人を人間としてとらえていないようである。おそらくイヌの目には、動きながら徐々に遠ざかっていく、追いかけるべき対象物として映るのだろう。いいかえれば、イヌはスニーカーや自転車を獲物と思い込む、ため追跡して嚙みつくのだ。自転車に乗る人やジョギングをする人がもしこのような場面に遭遇したら、まず立ち止まって向きを変え、イヌのほうを向いてみる。そのうえで、ふつうの声でイヌに話しかけ、自分は人間であって、獲物を追跡したり噛みつくというイヌの本能的な行動を誘発する単なる刺激物ではないことを示すとよい。

イヌに噛みつかれる事故を減らすためには、適切な育種と飼育の改良を心がけることが必要である。また、一般の人や子どもに、イヌの周辺でのふるまい方や、イヌの行動が好意的なのかどうかの見極め方を教えることが肝心である。

このほかに、イヌの行動でとくに重要なのは、出会ったときにどのような向きあい方をするのかということである。おそらくみかけたことがあるだろう、多くの場合、側面から互いに近づき、円を描くような動きのあとで、一方が立ち止まり、相手のイヌににおいを嗅がせる。ふつう初対面のイヌは正面から近づこうとしない。正面から近づくのは、お互いによく知っていて、遊ぼうという意思や友好的な意図があきらかにわかるときか、あるいは逆にライバル同士が出会ったときである。見知らぬイヌに近づいてそのイヌを扱うときには、直接目を合わせないことと、正面から接近しないことが大切である。友情と尊敬の表現として、イヌは身体の側面を近づけてくる。こうした社会的儀式を無視して見知らぬイヌに正面から近づけば、いくらドッグショーの調教師、あるいは審判員といえども噛みつかれても不思議ではない。

たとえば、人と人、イヌとイヌ、あるいはイヌと人の場合でも、相手をにらみつけるのは、相手を怯えさせて服従的で受動的なふるまいをさせたり、挑発するといった意味がある。したがって、そのイヌをにらみつけるというしぐさは、社会的な制御をするさい役立つだろう。あくまでも、相手のイヌを知っていて扱い方に自信があるならば、である。イヌを訓練するときには、ま

社会的なにおい嗅ぎを受けているあいだ、イヌはじっと立ったままで鼠蹊部をみせ、においを相手に嗅がせる。

社会的におい嗅ぎの最中は、イヌは相手のさまざまな部位に対し、生得的な反応を示す。このイヌは、イヌの形をしたつくりものであることを知らずに、鼠蹊部周辺のにおいを嗅いでいる。写真提供 HSUS

ず言葉で命令するまえに、アイ＝コンタクト（視線の交差）[2]をはかることも忘れてはならない。ただし、扱い方に自信がない場合には、相手をにらみつけて服従させようなどとしないことだ。相手は襲いかかってくるかもしれない。優位なイヌは、挑戦するような目つきでにらみつけたがる一方で、アイ＝コンタクトを避けたがる。これは服従の信号ではなく、無関心の信号なのである。朝、見ず知らずの人に向かって、「やあ」と声をかけるのにいくぶん似ている。この場合、相手は視線をそらそうとするだろうし、よそよそしい態度をとるだろう。これは優位を主張する一つの方法でもあり、イヌの攻撃を回避する手段にもなる。たとえば、攻撃的なイヌに出会ったら、相手のイヌから顔をそむけて無関心を装ってみる。そうすると、イヌは落ちつきをなくしてしまう。視線をそらすという行為を、自信と心理的優越感を示す信号として解釈したのだろう。ただし、後ずさりしながら目をそらすのは、相手に対する恐怖と服従を意味していることをお忘れなく。

次に、イヌの身体のなかで心理的に重要な部位となるのが鼻口部（鼻づら）である。イヌの鼻口部をつかむのは、イヌをコントロールしたり優位を主張したりする方法としてたいへん有効である。イヌは、相手のイヌの鼻をめがけて襲いかかるか、首筋のあたりに嚙みついて激しく身を揺さぶることで自分の優位を示そうとする。わたしたちもこの行動をまねて、手に負えないイヌを扱ったり、訓練したりすることができる。筋肉組織の配列具合からみて、顎を開けたまま、あるいは閉じた状態をつづけるのは、イヌにとってきわめてつらいことである。このようなわけで、イヌに口輪をつけたり、鼻口部をグイとつかんだりする行為は、攻撃的なイヌをコントロールしたり、イヌへの優位を示したりするのに効果的な方法といえるだろう。イヌを扱いやすくするために、飼い主は自らの優位をイヌに示す必要があるが、そうするには片方の手でイヌの鼻口部をおさえ、残りの手で首筋あたりをつかむのが理想的である。もちろん、大型のイヌでこのようなことをするのは危険である。ただ、いったん鼻口部をおさえられたイヌが、攻撃的な行動から急に服従的な行動に移る様子はびっくりするほどである。

ようするに、相手のイヌに対して自分の優位を示してコントロールするには、重要な二つの部位を忘れてはならない。まず、首筋の部分。この部位をつかむか、振り動かす。次に鼻口部。この部位をつかみおさえるか、ガーゼもしくは何か適当な素材で口輪をする。イヌを殴る必要などないことは言うまでもない。イヌを支配したり、コントロールする目的で殴るのはもってのほかである。品種によっては、とくにテリアだったら逆に襲いかかってくるかもしれない。親しみのある声をかけたり、あるいは鼠蹊部や股のつけ根あたりに触れてみるなど、友好的な行動をとってみるという対応ではうまくいかない場合には、イヌの首筋や鼻口部をつかんだり、アイ＝コンタクトをしたり、適切な唸り声をあげてみるといった「心理的な技」をかけることで、ほとんどのイヌを効果的に扱うことができる。

ところで、服従的なイヌは、わたしたちの顔をなめたりキスをしたりという行動に没頭することがよくある。この行動は、子イヌが母親に食べものをねだる行動に由来するもので、そうされると母イヌはふつう子イヌのために、口に含んだ食べものを吐き戻す。つまり、食べものをねだるという行動は、顔に向けられたなめる動作として成犬になっても残っているというわけである。

もしも、成犬が飼い主の顔をなめて、飼い主が突然夕食の半分を吐き出したとしたら、そのイヌはどうするだろうか。たいへん興味深いところである。

イヌの行動には、このほかにも心理状態を探るうえで興味深いものがある。たとえば、イヌは木や消火栓にマーキングするが、これは社会的なコミュニケーションの儀式として重要なのである。だから、イヌと散歩にでかけたら、そのようなにおいの場所を嗅ぐ時間を十分に与えてあげよう。こうした行動は、おそらく人間が新聞を読むようなものなのだろう。イヌが木に限らず直立したものにマーキングするのは、自分のテリトリーを見張るというよりも、「名刺」を残す意味がある。深い絆で結ばれたイヌ同士、とくに雄イヌと雌イヌの場合は、コンパニオンである相手がマーキングした場所に念入りにマーキングする。ただし都会では、このような社会的儀式のために周囲の環境に悪影響が生じている。木のためにはよくないし、数多くの若木を枯らしてしまうこともあるだろう。また、とくにレプトスピラ病[3]や肝炎といったイヌ科動物の伝染病によって健康を害する危険性もきわめて高い。

マーキングが終わると、イヌは足で土を掻く。これは、ネコが排泄物を土で覆ったり埋めたりする行動の未発達な形態というよりも、むしろヒョウが木にマーキングしたあと、後ろ足で立って木を爪で引っかくというように、自分のいた場所に視覚的な目印を残す効果がある。

においの強い物質をみつけたときのイヌの行動ほど、飼い主にとって不快なものはないかもしれない。イヌは、悪臭のする汚物のなかを転がりまわるのが大好きなのである。というのは、イヌの嗅覚がひじょうに発達しているからで、人間の一〇〇万倍はすぐれているといわれている。

臭いづけ（マーキング）。イヌの世界では、社会的な儀式として重要な意味をもっている。

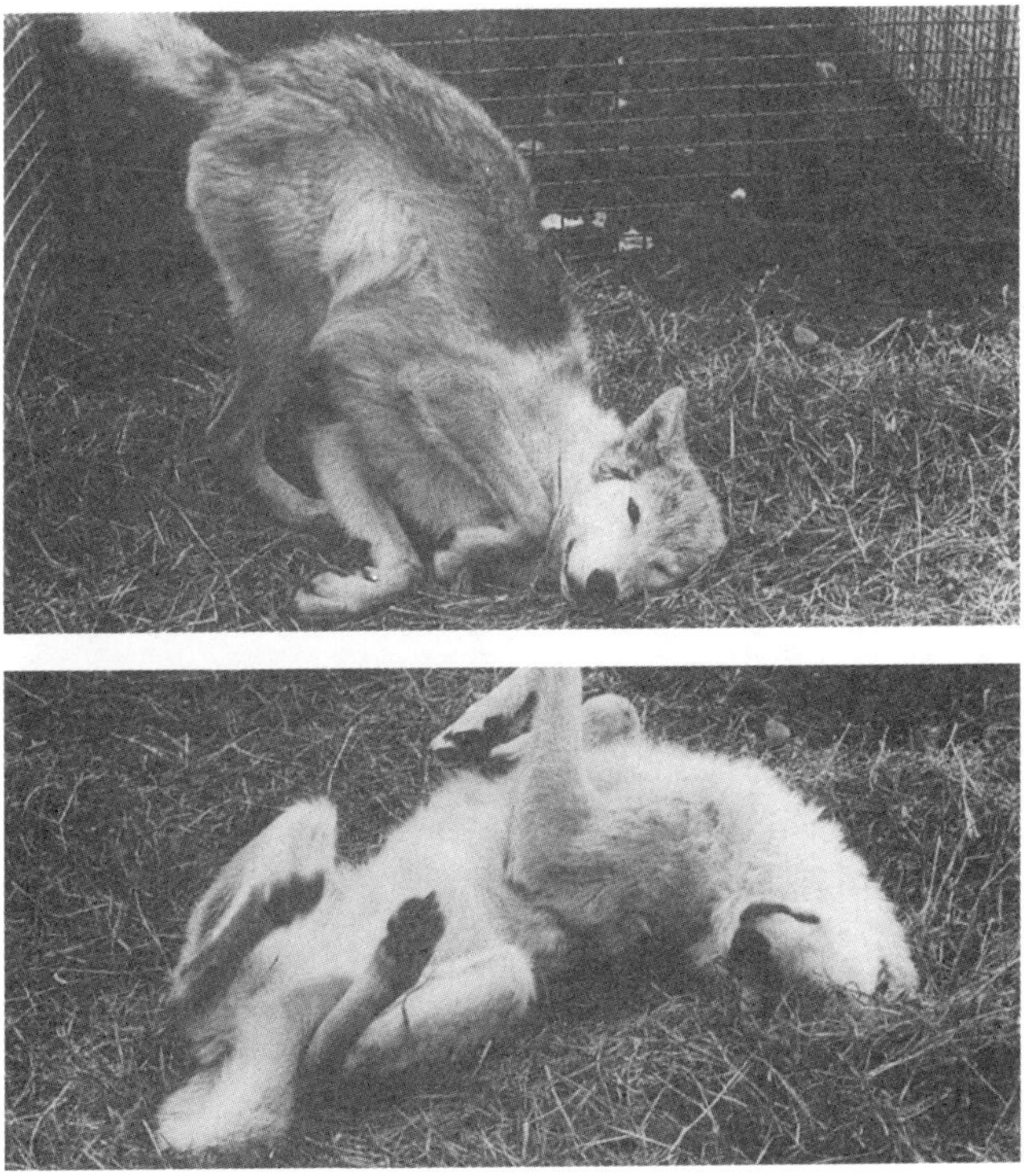

イヌ科動物は本来、珍しいにおいがするもののうえを転げまわって楽しむ。ここではオオカミが、香水のついたティッシュペーパーを出され、そのような行動をとっている。写真提供 HSUS

もしかすると、イヌには美的なセンスがあるのではないだろうか。人間はどちらかというと視覚的な生き物で、派手な服を着たがるけれども、一方イヌはにおいを身にまとうのが好きなようである。オオカミも、食事のまえに好物の肉や食べものの上でよろこんで転がりまわる。これもまた、ある種のにおいを身にまとうことが、美的な体験になっているのかもしれない。つまり、食事がすんでから時間が経過してもその香りを味わうことができるのである。

イヌの顔の表情は、実に豊かで変化に富んでいる。しかし、イヌが一度に複数の感情を表現できることに気づいている人はそう多くはない。たとえば、攻撃的に歯をむいて唸ったり、または鼻であしらうような表情を浮かべたりする表情は、さらに強い恐怖の表情をともなうことがあり、唇を水平後方に引いて、服従の笑いを浮かべるのである。こうして同時に起こる二つの信号には、恐怖心と攻撃心の両方の感情を漂わせる表情が入り交じっているのである。つまり、恐怖にかられて嚙みつくという表情である。またイヌには、はっきりと口を開けた「プレイ＝フェイス」と[4]いう表情があるけれども、この表情にはあえぐような息づかいがともなうことがよくある。人間が笑うときの息づかいと同じと考えてよい。四つんばいになって遊びに誘うお辞儀をしたあとで、試しに息をきらすようなしぐさをしてみよう。これで、イヌに「遊ぼう」と話しかけていることになる。イエイヌは、人間の笑うしぐさを正確にまねて唇を後ろに引く。このディスプレイを攻撃的な信号と誤解する人をときどきみかけるが、実はイヌは、わたしたちヒューマン＝コンパニオンが挨拶のときにちょっと歯をのぞかせて笑うのをまねただけなのである。

ボディーランゲージといい、顔の表情といい、イヌと人間のそれは実によく似ている。イヌの

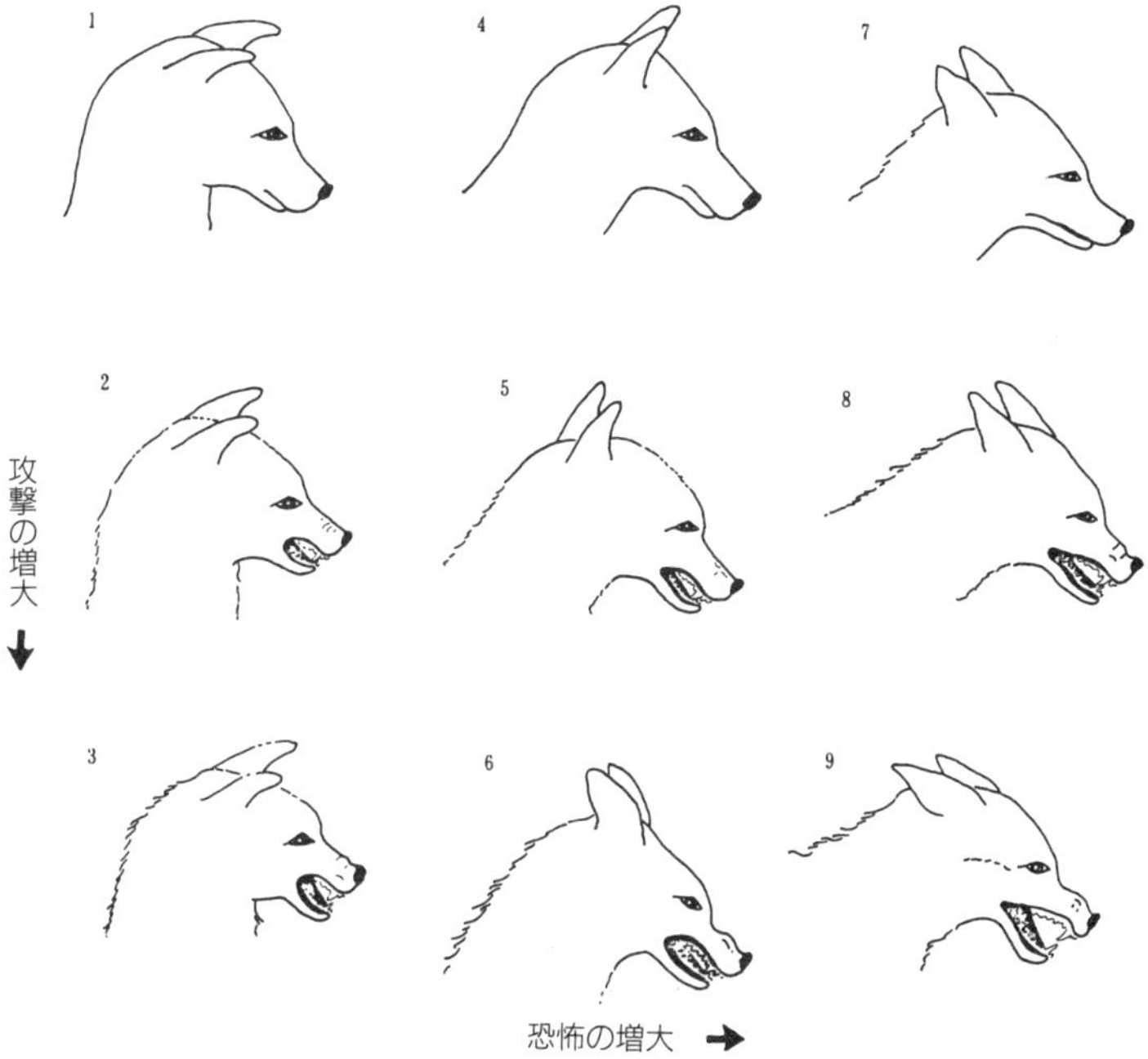

コヨーテの表情を同時的な変化と連続的な変化の組み合わせで描いてみた。１－３：耳を立て、口を小さくし、攻撃的な口すぼめ（水平方向前方への唇の収縮）から、垂直方向へ唇を引くと同時に口をあけた威嚇へと移行する。４－９：耳の姿勢を変え、頸部はさらに水平方向に保つ。服従的な「歯の剥き出し」（唇を水平方向に引く）は、さまざまな程度の口あけ威嚇と唇の垂直方向への引きが同時に起こる。

左のイヌが遊びに誘うお辞儀をすると、右のイヌは口を開け、プレイ＝フェイスの笑いでそれに答えている。

行動や感情、意思をうまくくみ取ってやることで、イヌとの関係もさらに豊かなものになるだろう。また、もっと楽にイヌを扱い、コミュニケーションを図ることもできるだろう。そして何よりも、イヌのやり方を理解することで、イヌが感覚の研ぎ澄まされた賢い生き物である、とその本来の価値を認めるようになるにちがいない。

［1］ 小原秀雄訳／至誠堂／一九六六

［2］ アイ＝コンタクト（eye-contact）：視線の交錯、視線の接触ともいう。母親と新生児との関係においてよく使われ、互いに目をみつめる行動を指す。

［3］ レプトスピラ病（*canine leptospirosis*）：スピロヘータを病原体とするイヌの伝染病。死亡率が高く食欲不振、発熱などの症状をともなう。

［4］ プレイ＝フェイス（play face）：飼い主やほかのイヌを遊びに誘うときにみられる、「挨拶の笑い」に似た表情。

4 イヌの行動を解読しよう

イヌの行動を「解読」しようと思っても、うまくいかないことがある。必要なことは、あらゆる状況のもとで、動物の行動や発育の様子をていねいに観察することである。そうすれば、その行動を動機づけているものは何かということや、その行動の結果としてどのようなことが起こるかといったことを推測できるようになる。

たとえば、遠吠えや排泄したあとで土を掻く理由を解き明かすなど、イヌの行動を「解読」するには、わたしがおこなってきた野生の食肉類（キツネ、コヨーテ、ジャッカル、オオカミ）についての研究や、そのほかにも野生のネコ、ライオン、クマを対象とした調査がおおいに参考になる。先にあげた動物は、イヌやネコと遠い親戚のような関係にある。そうした動物の行動を解くことは、イヌの行動について進化的、社会的、また生態学的な視点を提供してくれる。このような視点は、イヌの行動を解き明かすうえで忘れてはならない。わたしたちの身近にいるコンパニオン＝アニマルの行動のなかには、家畜化による影響を受けているものもあるからである。家畜化は動物の行動に、遺伝、発育、社会環境といった面での影響を与えているのである。

鳴き声

家畜化は、イヌの吠えるという能力や性向にも大きな影響を与えてきた。オオカミはすべての種が遠吠えする。吠える理由はさまざまで、とくに意思伝達が目的となっているが、イヌはオオカミとちがい、すべての品種が吠えるとは限らない。オオカミの場合、ある個体が吠えると周囲の個体も吠えはじめる。イヌは、オオカミのように、たいてい一匹で放っておかれると、長く尾をひく悲しげな遠吠えをして、群れの仲間や飼い主との接触を図ろうとする。ただし、近くでパトカーや救急車のサイレンが聞こえると、たてつづけに遠吠えしたり、悲しげな鳴き声をあげたりして飼い主を困惑させるイヌが少なくない。

このような行動は、耳を音で傷つけないためとか、耳ざわりな騒音への苦痛を訴えている、と思われがちである。しかし、ネコの耳もイヌの耳のように敏感であるけれども、こうしたサイレン音にいったん慣れてしまうと、けっして逃げたり鳴いたりしない。

どうしてイヌがサイレン（またはハーモニカやフルートなどの音）に反応して遠吠えするのか、という謎を解くにあたって、オオカミの行動を参考にしてみよう。まず、オオカミのテリトリーのなかで、オオカミの遠吠えをまねしてみたり、オオカミの声を録音したテープを流したりしてみる。すると、声を聞いたオオカミたちは遠吠えをはじめる。これは、サイレンが社会的な反応の遠吠えに似ていて、イヌが仲間との接触を図る悲しげな遠吠えを誘発するのは、遠吠えが社会的な意味をもつ反応であるということである。だから、庭や家に一匹で置かれ、仲間と接触する

唇を後方に引き、歯を剥き出しにしているイヌを、この赤ちゃんは怖がっていない様子である。年長の子どもやおとなのなかには、威嚇の表情と解釈する人もいるかもしれないが、実はこのイヌは、赤ちゃんに対して「微笑み」を浮かべている。
写真提供 HSUS/Bonnie Smith

この写真は、動物の利他的な行動の例ともいえるかもしれない。二匹は野生のパリア犬で、左のイヌは病気の仲間をグルーミングしている。また、そのイヌの背部にある炎症個所や顔からハエを追い払うのが観察された。写真提供 HSUS

機会がほとんど、あるいはまったくない場合には、遠吠えに似たパトカーや救急車のサイレンのような音にも反応することがあるのである。

オオカミは、いっせいに遠吠えをあげるが、これは群れとしての行動であって、自分たちのテリトリーはここだ、と宣言すると同時に、連帯感を味わっているのだろう。誰かがフルートやハーモニカなどの楽器を演奏すると、イヌはあたかも同じ仲間のオオカミが遠吠えを合わせるように、しばしば見事に調和した形で、合唱に加わるのである。

地面を掻くしぐさ

オオカミとイヌの行動のなかには、わたしたちが正確に解読していない行動がほかにもある。排泄したあとで地面を掻くのもその一例である。ふつうこれは、尿や便を土で不完全に覆う行動とまちがって解釈されている。たとえば、ネコは自らの排泄物を注意深く埋めるが、それに比べると、イヌのこの行動がわたしたちには中途半端に映るかもしれない。また、著名な心理学者のB・F・スキナー[1]がかつてまちがって指摘したように、この行動は徐々になくなりつつある、と思われるかもしれない。

しかし、地面を掻くしぐさに関連したイヌの行動を、ある状況のなかにおいて調べてみると、この行動のもつ意味がはっきりしてくる。たとえば、ライバルのイヌが近づくと、ふだんよりも激しく地面を掻く。ということは、尿や便といったにおいの跡を隠すためではなく、地面の上につけたマーキングをより目につきやすいかたちで、はっきりときわだたせるためなのである。それによって、自分がマーキングした場所を示し、宣伝することになる。というわけでイヌはテリトリーのなかの決まった場所に排尿したり、しばしば排便をしたりする。しかも地面を掻いて目印をつけることで、こうした「埋蔵物」がさらに目立つようにしているのだろう。ふつうイヌは、排泄した場所周辺に目印をつける傾向がある。

不思議な行動

イヌの行動のなかには、その信号が多義的であるがために、ひじょうに解読しにくいものがある。子どもたちは、こうした行動にびくびくしがちだが、たとえば大きな声で吠えられても、イヌが緊張しないで、尾を振り、唇を後方に引いて歯を剝きだす友好的な笑いを浮かべているようなら、恐がる必要はないことを教えておくとよいだろう。

このような誤解は、動物の行動が自然本来の状況にないところで起きるため、生じたものかもしれない。自然本来の状態における動物の行動を考察することは、ペットたちのより不可解で、ときに気にさわるような行動の一部を理解するのにも役立つはずである。

グルーミング（身づくろい）

イヌが飼い主を軽く嚙むのはよくあることである。ときには痛みを覚えるほどである。この行動を解読するには、イヌがコンパニオンである相手の毛を軽く嚙んでグルーミングしている様子を観察してみるとよい。この行動は、相手の世話をする、つまり、利他的なグルーミングのやりとりと解釈してよいだろう。

帰巣行動

コンパニオン＝アニマルがすぐれた感覚能力の持ち主であることが理解されてくると、科学者たちは動物の行動を、いままでとはちがう側面から解読できるようになってきた。動物は、人間と同じように満月の影響を受けている。満月のときには、大気のマイナスイオン化が進み、わたしたちはいつもより活動的になる（いわゆる「帯電」である）。ネコやハチ、ハト、そしてヒトの頭のなかには微細な鉄化合物の粒子があり、たとえば道に迷ったペットが家に帰り着くといった神秘的な航行能力には、この微細な鉄化合物の粒子が作用しているらしい。つまり、頭のなかにコンパスがあるということである。

霊感的な現象

科学ではうまく説明できないけれども、わたしたちが直観的にとらえている行動にペットの霊感的な行動がある。一例をあげてみよう。あるイヌが突然、家のなかで吠えはじめた。その飼い主によると、そのイヌと仲のよかったイヌを飼い主の夫人が獣医に連れて行き、まさに安楽死させようとしたときだった（7章でさらに詳しく述べたので参照のこと）。

思いがけない条件づけ

無意識のうちに、ある行動をペットに訓練していたということがときどきある。いつだったか、飼っているプードル犬が騒がしいと、ご婦人が相談に訪れたことがあった。なるほど、静かにするように彼女が言葉で叱っても、そのイヌは抱きあげてくれるまで、彼女の足元でひっきりなしに吠えつづけていた。第三者にとっては、この行動を解読するのは簡単だろう。そのイヌは、自分を抱きあげてくれるように飼い主を訓練していたのである。抱きあげられるとすぐに吠えるのをやめることが、その女性に対するごほうびである。そして彼女は、そのイヌを抱きあげることで、吠えたことに対する報酬を与えていたことになる。

家畜化された状況を離れて、動物の本来の行動を知り、人間と動物との関係にとらわれずに客観的に眺められるようになることで、わたしは動物の行動を容易に解読できるようになってきた。誰もが相手の感情を理解し、わが身を動物の立場に置きかえて考える能力をもっている。これは、人間同士、あるいは動物とのよりよい関係を築くうえで欠かせない能力であるし、動物の行動を科学的に研究したり、動物園や研究室、飼育場で動物の世話をしたりするうえでの必要条件であることはいうまでもない。

動物は、さしたる理由がない限り行動することがない。つまり、きわめてむだがないといえよう。また、人間とちがって感情や意思、願望といったものをうまく隠すことができない。こうしたことに気がつけば、動物たちがわたしたちに何を語りかけようとしているのか、ときにさりげなく、子どものように屈託なく正直に語ろうとしている事柄に、関心をもって耳を傾けるようになるだろう。

断尾はやめよう

子イヌの尾は切るべきではない。これは一九八六年、ルクセンブルクで開催された動物保護世界大会で獣医や動物愛護主義者が出した結論である。シュナウザーやコッカー・スパニエル、ドーベルマン、ロットワイラーといった品種は、生後一週間たつかたたないかのうちに断尾、つまり尾を短く切り取られることが少なくない。イヌの身体の一部を切除するという行為（たとえば、イヌの耳の縁を切り取るということ）は繁殖家や愛犬家たちがよくおこなっているが、ほんとうにイヌを大切にする人たち（このなかには、多くの繁殖家やコンクールにイヌを出品している人も含まれる）は、尾を短く切り取る悪習をやめようとしている。イヌには尾が必要なのであるとくに尾は、ボディーランゲージで相手との意思の疎通をはかるさい重要な役割をはたすからである。

ノルウェーの獣医、トールフ・メトヴェイトは、この動物保護世界大会で次のような報告をした。「尾を切除された子イヌは、のちに伝染病に罹ることが少なくない。また、尾の筋肉が弱くなっているので、鼠蹊《そけい》ヘルニアを患う可能性も高い。尾には重要な役割もある。イヌが跳ねたり、すばやく方向転換したりするときに身体のバランスをとるのに役立つし、ハエを振り落とすのにも役に立つ」と。ほんとうにイヌを大切にしたいのならば、子イヌの尾を切断する問題を真剣に

イヌ科動物の本来の行動は家畜化され、人間に社会化したイヌにもみられる。それを解読し解釈できると、なぜイヌがわたしたちにそのようにふるまい、反応するのかわかってくる。写真提供 HSUS

断尾はずいぶん昔からあった慣習の一つで、かなり多くの品種がそのあおりを受けている。断尾されるイヌの多くは、生後数日のあいだに慣例上、尾を短く切られるが、この写真のウェルシュ・テリアもそのなかの一例である。こんにちでは、何よりまず慣例として、そして美しくみせるためにおこなっているにすぎない。
写真提供 Rudolph W. Tauskey

受け止めて、考えを改めるべきだし、この残酷で必要性のない切除に苦しんでいる品種のスタンダード（標準）を見直すときではなかろうか。

［1］ Burrhus Frederick Skinner：一九〇四年生まれ。新行動主義を代表するアメリカの心理学者。スキナー箱によるオペラント行動概念が有名。

5 イヌと話すには

イヌに限らずほとんどの動物の鳴き声は、バラエティーに富んでいるが、こうした鳴き声を単なる雑音としてしかとらえない人が多い。しかし、動物は自分の要求や感情、意思を正確に伝達することができない、という考え方を改めれば、鳴き声に耳を傾けるようになるのではないだろうか。注意深く聞いてみると、動物の鳴き声は、音が構成している感情的な言葉であることがわかる。なかには、象徴的、具体的な意味をもった独特の鳴き声も混じっている。たとえば、サルの仲間には、人間やジャガーといった地上生の捕食者に気がつくと、警戒の吠え声をあげて知らせる種類がいる。ところが、同じ警戒の吠え声でも、フィリピンワシ[1]といった空中の捕食者が近づいてきたときの信号はまったく異なる。前者の場合には、木に登らなければならないことがわかるし、後者の場合には、木から下りなければならないことを理解する。

これまでの思考の枠組みを離れて、しばらく感情の世界を探ってみれば有益かもしれないのに、いまでも一部の学者たちは、動物たちには人間の言語に相当するものはない、と主張している。つまり、動物の鳴き声には文法的な構造がないので、言葉あるいは言語能力があるとはいえない、というわけである。しかし、「言語（language）」の定義の一つは、ウェブスター辞典によると、

「音声やそのほかの、思想、感情などを表現したり、伝達する何らかの方法」とある。もう一つの定義は、「動物が感情を表現するために発する音節のはっきりしない音声」とするものだ（動物の行動を研究している機械論的な立場の科学者はこの定義に不満かもしれない）。動物の鳴き声が、それに慣れていない人間の耳には不明瞭に聞こえるということは、動物の言葉が理解不能であるとか、動物は口がきけないという根拠にはならない。むしろ人間の言葉のように文節化された単語や文法にしたがって構成されているわけではないから、不明瞭に聞こえてしまうのである。人間の言語では、さまざまなイメージや概念、欲望や感情の流れを表現することができる。動物の言葉では、その流れの表現能力は、人間ほど幅広いものではないが、意味が乏しいというわけではなく、さまざまな感情や欲望、イメージや意図を表現することができるのである。

わたしの飼っているベンジーがその典型的な例で、わたしが書きものをしていると、何か期待するような表情を顔に漂わせ、尾を振り、喘ぎながら近づいてくる。この喘ぐしぐさ（これは、「ハアー・ハアー」という気息音がともなっているので、音声による表現である）は、興奮しているということをわたしに伝えている。いったいなぜ興奮しているのだろう。ベンジーをみると友好的で期待のこもった顔から、何を要求しているのかがわかった。すでに日が暮れている。また夕食を与えてやるのが遅くなってしまったのだ。

ベンジーは、何かを伝えようとしていた。イヌの言葉ではっきりと、しかも具体的に誠意をもって「話《トーク》して」いたのである。しかし、ベンジーが話《トーク》せると推測することは擬人化になるという理由で、話《トーク》すという言葉にカギカッコをつける必要があるのだろうか。定義によると、「トー

イヌの鳴き声や鳴きぐあいまで、人間の特定の要求に合うようにされてきた。写真のブラック・アンド・タン・クーンハウンドは、獲物を追いながら、その存在を美しい声で知らせる典型的な猟犬である。写真提供 Frasie

ク（talk）」は、「手まねで話すなど、何らかの方法で意思伝達すること。人に影響をおよぼす、あるいは相手を説いて何かをさせること」とある。「トーク」には、スピーチのしかたの一つ［形式ばらない話］という意味もある。ウェブスター辞典によると「スピーチ（speech）」の定義は、「自らの考えを述べるために、音と語をはっきりと発音し、表現する能力」となっている。

ベンジーのコミュニケーションは、上記の判断基準を十分に満たしていたし、考えていることも明確だった。つまり、空腹だったので餌をねだったのである。

しかし、わたしとベンジーの会話はひとまずここで終わることになった。人間同士だったら、相手がどんなものを食べたいのかといった会話をつづけることもできるだろう。ベンジーには結局、選択の余地はなかった。しかし、餌をもらったあとでわたしのほうを振り返ったのをみると、どうやらその食事に不満があったらしい。ベンジーは、お気に入りの食べものが入っていないと、夕食の皿のすみずみまでにおいをかいだあとで、あきらめ半分、期待半分の顔つきでわたしをみつめるのである。

たとえば、わたしがしばしば与える冷凍肉やライス・ケーキといったいつもの好物をもってくると、頭部を軽く突き上げるようにして、低く短い唸り声をあげる。頭部を動かすのは、おいしい食べものがほしい、投げ与えてほしいという合図なのである。棒やボールを投げて捕らえる場合には、けっしてこのような鳴き声を出さない。

それにしても、イヌにはさまざまな鳴き声がある。ワンワンと吠える声のように「純粋」なものもあるかと思えば、キャンキャン吠えたてる声のように、複雑な感情の入り交じったものもある。

このような鳴き声の一つひとつに意味があり、動物の感情状態や意図といったものが込められている。また、ある程度の多義性もある。異なる状況のもとで似た鳴き声を出すことがよくあるからである。なかでも、イヌが警戒するときや興奮したとき、喜んだときの吠え声というのはよく似ている。だから、動物の鳴き声を聞き取るよう努力するだけではなく、その動物が何を要求しているのか、何を感じているのか、動物の立場にたってたしかめてみることも忘れてはならない。

イヌの一般的な鳴き声

ニャー(幼児期)……苦痛・寒け・空腹
ゴロゴロという唸り声(幼児期)……満足(成犬になってもこのように鳴くことがある)
キャンキャン(および、悲しげな長い遠吠え)……苦痛・痛み・恐怖感
クンクン……苦痛・痛み・恐怖感・寂しさ・世話を求める
遠吠え(悲しみに沈んだような鳴き声の場合)……苦痛・寂しさ
遠吠え(音楽のように耳に心地よい鳴き声の場合)……喜び・集団的な遠吠え
ウオーンという遠吠え……なごやかな会話(とくにソリ用犬のあいだで交わされる)
ウウッという唸り声……脅迫・挑発・警告(危険な状態、または近づくなということ)
呻き声……極度の疲労・苦痛の除去を求める
(歯で)カチッと音をたてる……防御的、あるいは積極的な威嚇
吠える……威嚇・恐怖、または警告・心の動揺・世話を求める(キャンキャンまたはクンクン

という鳴き声といっしょになることが多い）

低く長い吠え声……ビーグル犬などの猟犬が獲物を追い詰めたとき。吠え声と遠吠えが結びついている。

ハアハアと喘ぐ……心の動揺・遊びに誘う（人間の笑いに似ている）

イヌのなかには、「アウト」や「ハンバーガー」、「ゴーゴー」といった人間の言葉をまねるイヌがいる。もし、このようなしゃべるイヌを飼っている読者がいたら、ぜひわたしに知らせていただきたい。

イヌが吠えたり、キャンキャン鳴いたり、または遠吠えしたりするのは、意思や感情のない生得的なもので、意識して何かを伝達しようとしているのではない、とかつてわたしは考えていた。特定の状況では決まったことしか感じないという理由だけで、イヌは機械的に吠えたてているように思えたのである。しかし、ある状況でのみイヌは鳴き声を発し、また別の状況では声を発しないことから、鳴き声にははっきりとした意図が込められていることがわかる。

イヌもわたしたちと同様、自分のおかれた状況を察することができる。ただ、人間とくらべて言葉は限られたものにとどまるため、曖昧な信号を避けるためには、状況をしっかりと見極める必要があるようだ。たとえば、食事のときにほかのイヌに発する低い唸り声は、ほかのイヌを近づけたくないという意味だし、同じ低い唸り声でも、屋外ではほかのイヌへの避難信号となる。この二つの唸り声は、どちらも警戒信号であるけれども、音が微妙に異なるようである。二つの

イヌは、さまざまな声やボディーランゲージを通してわたしたちとのコミュニケーションをはかる。イヌとうまくつきあうには、送られてくる信号や声を理解する必要がある。そうすれば、まわりの動物とコミュニケーションしたり、理解しやすい環境をつくることができる。写真提供 HSUS/Rodger

音を音響スペクトログラフで分析してみると、わたしたちの耳では聞き分けられないわずかなちがいが確認できるだろう。微妙な鳴き声はほかにもある。たとえばカモメがつがい相手を識別する鳴き声もわたしたちには聞き分けにくい。この鳴き声は、オシロスコープやソノグラフを使うと、実は周波数が微妙にちがっていることがわかる。このわずかな鳴き声のちがいで、カモメは、そっくりな仲間から互いを識別することができるのである。

異なる状況で似たような鳴き声を発する場合、その状況そのものが情報となる。したがって、その場の状況をしっかりと把握できる動物は、ちがう意図をもちながらも同じ、あるいは似たような鳴き声を発することができるというわけである。これは、動物の鳴き声と言葉の特性といってよいだろう。

本質的に動物は、鳴き声で何かを言ったり、あるいはボディーランゲージで伝えたりすることに、コミュニケーションがおこなわれる状況についての意識が加わって、言語を成り立たせているのである。かりに、わたしたちが動物のおかれた状況を理解できず、動物の心を読み取れない（たとえば、どうしてイヌがクンクンと鳴くのか理解できない）としたらどうだろう。鳴き声やボディーランゲージだけでは意味をなさないにちがいない。そうなると、動物の言葉は不明瞭な雑音や生得的なしぐさにしか、みえなくなってしまうだろう。

ペットの飼い主やすぐれた農場経営者には、飼っている動物の「言わん」とすることがわかるという。というのも、動物と親密な関係にあり、似たような環境のもとで生活をともにしているからである。魔法を使って動物を理解しているわけではない。魔法を使っているように思えるのは、現実とつながりを断ってしまっているからで、動物には言葉があるということや、言葉を使って意思伝達をするということを信じられなくなってしまっているからである。

ある出来事の状況を動物は理解できるし、ある出来事の結果を推測することもできる。これは、イヌとわたしたちのコミュニケーションを考えてみればわかる。たとえば、わたしが帰宅すると、ベンジーは興奮した様子であいさつをし、吠える。そして、この吠え声にキャンキャンという音声がわずかに加わることがある。何か苦痛になることがあるのだろうか。それとも不満でもあるのだろうか。しばらくすると、ベンジーはお辞儀をして門扉のほうへ走る。ようするに、人間同士がするように「やあ」とあいさつしたあと、公園に行こうとわたしに言っているのである。

ベンジーは、まずキャンキャンと吠えたててわたしの関心を引いておいて、次にボディーランゲージで意思を伝える。よく革ひもをくわえてくるイヌがいるけれども、この動作には「わたしをみて」という意味がある。この動作のあとには意図的なディスプレイがつづく。つまり、イヌは先の出来事を予測できるし、予測したことを仲間やヒューマン＝コンパニオンにはっきりと伝えることができるということを示している。

これまで述べてきたように、動物には、意思や先見力、状況への理解が知能の土台となっていて、それによって、(身体や尾、顔による) 視覚的な信号や鳴き声による言葉が意味をもってくるのである。

動物の鳴き声や視覚的な信号の意味を理解するさいに大切なのは、感情移入である。動物の立場に立って、試行錯誤しながら、動物がしようとしていることや期待していること、あるいは動物を取り巻く状況などを見極めようとする姿勢を忘れてはならない。また、動物が生活している世界を正確に把握することも大切である。このような作業を経ることで、もっと動物を理解できるようになるだろうし、動物が語りかけようとしていることや、動物との接し方もわかるようになるだろう。「動物は口がきけない」といった偏見は改めなければならないし、いつも鳴き声や言葉ばかりに意味をみいだそうとする方法もやめるべきである。動物のコミュニケーションが意味をもってくるのは、特別な意味をもった鳴き声としての言葉のなかではめったになく、むしろ状況や意図といった広い領域においてなのである。

しかし、特別の意味をもつ鳴き声もある。身体を横たえて休息するときにイヌは深いため息のような音を出すが、これはくつろぎの信号である。あるいは、キャンキャンと鳴いたり鋭い鳴き声をあげたりするのは、苦痛または激しい痛みを表現する信号である。何が苦痛の引き金となっているのかをみつけるのはわたしたち次第で、ともかく特定の鳴き声で自分の置かれた状況をまずみてほしいとイヌは要求しているのである。複数の感情を伝達するための混成した鳴き声もある。イヌが外へ遊びに行きたいときにキャンキャン吠えたてるのがその例である。

わたしが機能的なものとして解釈してきたこのような鳴き声によるイヌの「言語」は、だいたい次のような基本的なカテゴリーに分類できるだろう。まず、社会的な距離を縮めたり拡げたりする目的（たとえば相手を脅す、または何かをせがむ）、次に、相手との接触を求める目的、あるいは親密な関係を保つ目的（たとえば子イヌがお互いに「ニャーニャー」と鳴く場合）である。ところで、わたしたち人間がしゃべっているときの声の調子を周辺言語（para language）[2]といい、相手に対して友好的であるとか、敵意や恐怖心、相手への気づかいといった感情を無意識のうちに表現する。人間のこうした周辺言語は、イヌが仲間同士でコミュニケーションするさいの感情的な鳴き声と本質的によく似ている。したがって、イヌにはわたしたちの話すことがある程度わかるのである。というのも、わたしたちが話すことが彼らにとって意味があるからというよりも、どのように話すかという言葉の裏にある感情を理解しているからである。動物たちはまったく口がきけないというわけではないのだ。

鳴き声は、コミュニケーションのきわめて基本的で原始的な形式である。つまり、驚いて急に息を吐き出したり（これは、せき払いや鳴き声を引き起こす）、あるいはリラックスして息を吸い込んだり吐き出したりする（これは、満足した唸り声やゴロゴロというような音をともなう）といった呼吸の変化は、聴覚によるコミュニケーションとして進化の過程で発達したもので、自分の感情の状態を他者に伝えるものである。

動物のこうした重要な信号をわたしたちが聞き分けられるようになれば、動物の感情や意思がもっと理解しやすくなるにちがいない。このような人間の側からの歩み寄りは、実は、ある種の償いといってよいかもしれない。

声帯切除をする前に

かなりのマスコミが、イヌの声帯切除の問題に注意を向けてきた。この手術はいたって簡単で、全身麻酔を打ち、声帯を切り取るだけである。この手術をすると、当然イヌは大声で吠えることができない。この手術がほどこされるのは、研究所やそれに類した施設にいるイヌである。そこに閉じこめられたイヌの鳴き声が、はたらく人や近所に迷惑だというのである。声帯は再生することがあるため、しばらくして手術をやり直す必要がある。わたし個人としては、この手術には賛成しかねる。とくに、慣例化してしまうことには反対である。イヌは、声帯を使ってコミュニケーションをしたり、意図や感情を表現したりするからである。たとえこのような処置が心理的に悪影響を与えないとしても、このようなくさいものにはふたをするようなやり方の手術は慣例化すべきではない。おそらくこの処置は、「イヌの鳴き声があまりにもうるさい」という周囲の苦情のために、イヌを処置してしまわなければならなくなったときの最後の切り札だと思う。わざわざ声帯を切除しなくとも、たいていイヌは訓練しだいで吠えなくなるものである。もしも、一匹だけで放っておかれ、不安になっているイヌがいたら、コンパニオンになるほかのイヌやネコをいっしょに飼ってみよう。確実に効果があるはずである。また、単にラジオかテレビのスイッチをつけたままにしておくのもよい。鳴き声で飼い主を起こし、火災から救ったというイヌは一匹どころではないし、何しろ吠え声は、ドロボー予防として最適ではないか。イヌの声帯切除を考えている飼い主は、もう一度考え直してみてほしい。

無声音による会話

ゾウは、鼻のつけ根のあたりの空気を振動させて、人間には聞き取れない低い音声を発していることが最近の研究であきらかになった。この低い音声を「不可聴音」という。おそらくゾウは、遠距離のコミュニケーション手段として、この「不可聴音」を利用しているのだろう。

わたしたちが家に帰ってくるとき、わたしが「無声音による会話」と呼んでいる近距離コミュニケーションの様式をイヌと共有することになる。このときイヌは、実際には声を出したりしないし、唸ったり、キャンキャン鳴いたり、遠吠えしたり、吠えたりすることもしない。ただ、声帯からうめき声やため息のような低周波を発することがある。試しに、飼っているイヌの無声音のレパートリーを調べてみよう。イヌは興奮したとき、あえぐような息づかいをすることがよくある。このあえぐような息づかいは、遊びに誘うお辞儀や遊びをせがむしぐさといっしょになっていることが少なくない。

イヌは身体を横たえると、ゆっくりとそして深く、わたしたちにも聞き取れるような息づかいをする。それはときに、安堵や満足のため息に聞こえることがある。ペッティング（愛撫）されたりマッサージを受けたりすると、イヌは深い息づかいを頻繁に繰り返すが、これはくつろいでいる証拠である。

イヌがせがむときには、鼻をクンクンいわせるような音声を出す。これは、子イヌが母イヌの体を嗅ぎまわり、乳首にありつこうとするときに出す音声に似ている。また、わたしが飼っている二匹のコンパニオンは、朝起きたとき、これから野外で走りまわろうと鼻をフンフンいわせたり、くしゃみのような音声を出す。

このような無声音による会話は、けっして偶然に成り立っているのではない。感情や刺激の状態が変化するのにともなって、呼吸のペースや深さが変化するのである。こうしたやり方のコミュニケーションになれると、コンパニオンとのよい関係が保てるようになるのである。

動物との対話

実話なのか創作なのかはさておき、太古の人間は動物と話しをしたり、動物を理解したりすることができたのではないかという説がある。動物同士はしゃべることができたから、というのである。いまでも、自然のなかで暮らしている世界各地の先住民族たちは、子どものころから動物の鳴き声を聞き分けるすべを学ぶ。シカの警戒信号やワタリガラスの興奮した鳴き声を聞き逃すようなヒツジ飼いがいたら、ライオンやオオカミに襲われて群れの一部を失いかねない。

ヒツジ飼いは、周囲の動物の声にいつも耳を傾ける。一つひとつの鳴き声に意味があるからである。動物の鳴き声に精通していないと、ヒツジが道に迷ったり疲労したりしていても気づかないだろうし、ヒツジの群れが危険を察知したとしても聞き分けられないだろう。同じように、ハンターも、周辺の動物の鳴き声に注意を払う。猟の最中に突然、怯えたような鳴き声がしたら、複数の個体がハンターの姿を察知したということである。ざわめくような感じがつづいていたら、ハンターの姿やにおいに気づいていないということで、もっと近くまで動物に歩み寄ることができる。また、ハンターのなかには、目指す獲物の求愛の鳴き声や社会的な鳴き声をまねる人もいる。つまり、ほんとうに動物と話をして、恐怖心を解き、近くまでおびき寄せるのである。

こうしてみると、人間が動物に語りかけることができて、動物も話すことができるという説は、まんざら嘘ではないような気もする。このような能力が誇張されて神秘的な力ということになり、

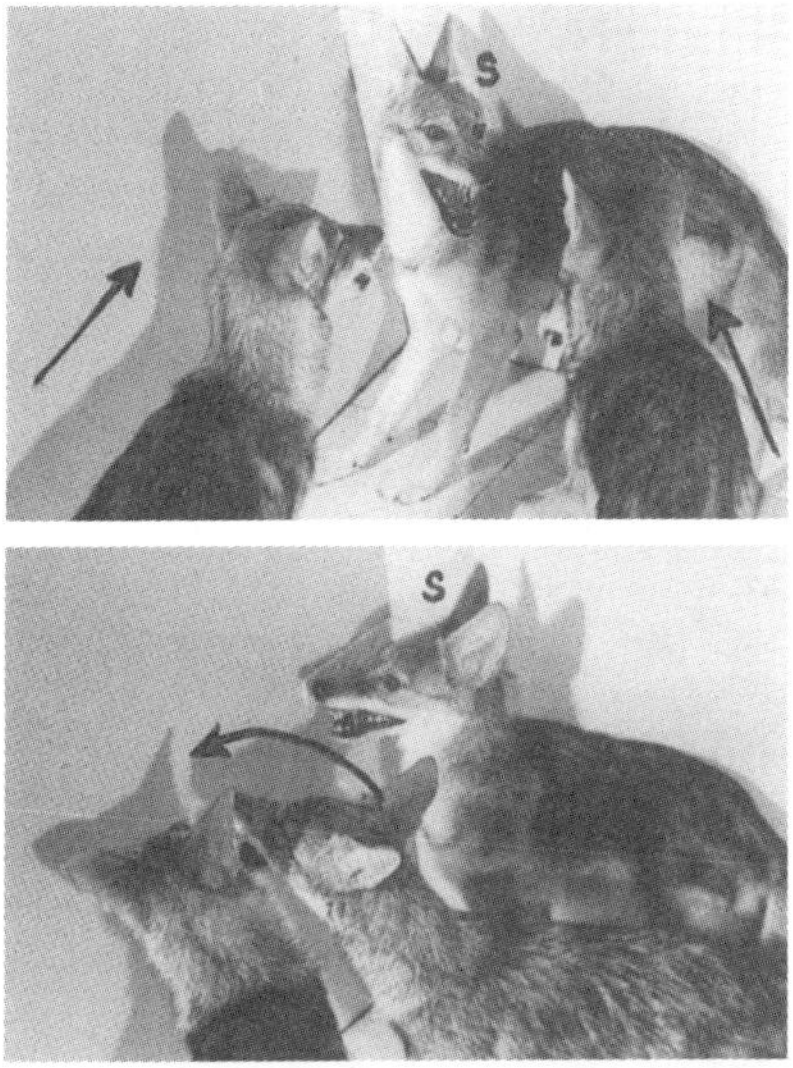

攻撃の矛先を変える。この例では、一組のコヨーテが向きを変え、仲間に噛みつく。おそらく仲間を刺激して、他者Sを攻撃するためだろう。このようなことはイヌの群れにはよくみられることである。

集団で遊んでいるときに、一匹のイヌが「群れによる攻撃」の対象として選び出されることがよくある。集団による攻撃やいじめが深刻な事態になることはまずない。そして、「被害者」を含めてすべてのイヌがこの遊びを楽しむ。
写真提供 HSUS

「文明人」によって、民間伝承や神話として片づけられてしまうのはいたしかたないことである。「文明人」は動物との密接な生活を体験していないから、動物の感情を表現する基本的な言葉を知る機会などなかっただろうし、まして動物の話しを理解するなんてできないにちがいない。しかし、動物のさまざまな鳴き声に耳を傾けてきたわたしたちの祖先にとって、動物が感じていることや考えそうなこと、意図していることなどを聞き分けることはそうむずかしいことではなかったはずである。動物との関わりに縁のない人には、このような能力は想像を絶するもののように映るかもしれない。だが、いったん動物の鳴き声に、あなたの感情や耳が慣れてくると、動物が話していることを感じ、そして理解することも容易になるのである。

ところで、スミソニアン協会付属国立動物園のユージーン・モートン博士は、動物の音声を分析し研究しているが、その調査結果から、ふだん使っている言葉の意味を無視してみると、わたしたちの話し方と動物のそれとは、同じ規則性があるということがわかった。たとえば、ある人が親しみを込めた声でペットや赤ちゃんに話しかけるとしよう。このとき声の調子《ピッチ》は高くなる。動物の場合も同じで、お互いに友好的な関係にある場合や子どもの世話をするとき、相手に求愛したり、社会的に優位な個体に服従したりするときには声の調子を高くし、声の強さをやわらげる。動物がクンクン鳴いたり、クスクス鳴いたり、ゴロゴロと喉を鳴らしたりするときの音声は、このような感情や意思のカテゴリーに入る。

人間の場合、相手に何か要求したり攻撃的になるときには、声の調子を低くする。同じように動物の場合も、相手に自分の優位を主張したり、攻撃をしかけようとしたりするときには、唸り声から吠える声にいたるまでピッチの低い音声を出すだろう。トカゲや鳥、イヌ、ライオンものような音声を出して自分の感情状態をはっきりと表現する。

動物は、ある単純な感情や意図を表現するだけでなく、さらに複雑なメッセージをも伝えることができる。イヌがクンクン鳴きながら唸り声をあげるのがその例である。これは恐怖感（逃げる、または服従する用意があるということ）と敵対心（相手を攻撃する、または身を守る覚悟があるということ）の双方の感情や意図を示している。

警戒のさいに、動物は高い調子で強い音声を使う。たとえば、鳥やサルが、ネコやヒョウの出現に驚いたときなどがそうである。何かに驚いたときには、人間も動物と同じような音声を出すため、わたしたちは、心臓や腸をねじるような鳴き声をたてている動物の感情の状態を容易に識別し共感することができるのである。

モートン博士によると、鳥やイヌ、そのほかの動物の吠え声は、高周波と低周波の要素が入り交じった信号になっているという。動物は単に攻撃的になったり、何かに怯えるのではなく、あたりを警戒しながらどんな事態にもすぐに反応できるような態勢をとっている。たとえば、なわばりのすぐ外で物音がしたらイヌは吠えるだろう。誰が、または何が音をたてたのかがわかると、イヌの吠え声は変化してくる。もし、侵入者が音をたてた場合には、吠え声に唸り声が加わるし、飼い主が仕事から帰ってきた音だったら、クンクンという鳴き声とキャンキャンという鳴き声が混じりあう。また、吠え声を発することで動物は、「わたしをみて」もしくは「わたしが欲しいと思っているものに気づいて」ということを伝えることもできる。つまり吠え声は、キャンキャンまたはクンクンという鳴き声と同様に、相手の注意を引きつける手段になるわけである。ただし、クンクンまたはキャンキャンという音声は、吠え声にくらべ、相手に要求したり譲歩する意味あいが強い。動物がいつもより興奮していたり、怯えていたり、あるいは苦痛を抱えている場合には、ある特定の音声をそれだけ頻繁に繰り返すことになる。国立動物園の哺乳類部門の責任者であるエドウィン・グールド博士によると、このような反復と、人間の会話のなかにある「間」のとり方とはよく似ているという。会話のパターンや「間」のとり方は、その人の感情状態を表している。興奮している人の会話にはほとんど「間」がない。

わたしたちが動物の音声を聞き分けようとし、心でその音を聴こうとすれば、動物の音声の意味を理解するのはそんなにむずかしいことではないだろう。動物は話すことができて、わたしたちも動物に語りかけることができるというのは、けっして神話や民間伝承などではない。わたしたちの音声の調子や高低は、動物のそれと同様、感情状態や意図を表現している。現代の動物行動学は、わたしたちの祖先が最初から知っていたことを裏づけており、人間と動物との親密な関係をあらためて確認しているところである。

動物をほんとうに理解している人、つまり動物のボディーランゲージがわかり、感情や要求、意図を動物がどのように表現しているのか知っている人は、動物と会話ができる人と言ってよいだろう。アメリカ＝インディアンの首長、ダン・ジョージが、動物を理解することの重要性をうまく表現しているので引用してみよう。

求愛のディスプレイをしているとき、アラスカン・マラミュートは、オオカミより先に遊びに誘うお辞儀をする。この遊びに誘うお辞儀は、遊びの意思を示すリラックスのディスプレイが儀式化、あるいは発展したものかもしれない。写真提供 HSUS

動物に語りかければ
答えてくれるだろう
そしてお互いにわかりあえるだろう
背を向ければ
理解なんてできないだろう
無知ゆえにヒトは恐れを抱き
恐怖ゆえにヒトは殺戮に手を染める

わたしたちが動物を理解し敬うこと、そして実際に話しかけてみることは動物にとって大切なことである。こうした態度を忘れたら、わたしたちはいつまでも動物に対して無関心で恐れを抱きつづけるだろう。愛し理解するゆえに、ヒトは動物を虐待したり、殺したりはしない。

［1］ フィリピンワシ（*Pithecophaga jefferyi*）：サルクイワシともいう。数の減少が懸念されるノスリ族の鳥。
［2］ 周辺言語（para language）：この用語は Archibald Hill によって提唱されたもので、訳語として周辺言語のほかに、「パラ言語」、「準言語」などがある。

6 イヌの嗅覚の謎を探る

イヌの嗅覚は、わたしたち人間より一〇〇万倍もすぐれていると言われている。イヌの嗅覚にくらべると、わたしたちの嗅覚はないに等しい。

さまざまなにおいがイヌの感情を左右している。たとえば、においによってイヌはこわがったり、攻撃的になったり、性的に興奮したり、あるいは不能になったりする。ときには死にいたることさえある。わたしたち人間の場合は、性的に興奮したり、「イライラ」したり、つまり、（芳香フェロモンを使った研究であきらかになったように）恐怖心を抱いたり、逃げよう、または争おうとしたりする。あるいは安心感（子どものにおいのする毛布などがそうである）を覚えたりする程度である。

フェロモンにはうっとりさせられる。これは、体外に放つにおい（化学分子）のことで、吸い込むと、体内で分泌されるホルモンのように中枢神経系が刺激される。フェロモンは、人間の女性の月経期間を同調させたり、イヌやほかの動物の発情期にも影響を与えたりする。

フェロモンの一種であるアルドステロン[1]は、睾丸から分泌されるテストステロン[2]が分解してできるもので、発情期の雌ブタのにおいを嗅いだ雄ブタの唾液のなかに含まれる。この唾液のなかにあるフェロモンは、雌ブタを「恍惚」状態にするため、雄ブタは交尾することが可能になるというわけである。アルドステロンというフェロモンは、芳香製品として男性用、女性用化粧品のなかに取り入れられているが、実はわたしたちもこのフェロモンを分泌しているのである。アルドステロンの強いにおいに女性は引きつけられることもあるが、不快感を覚えることもある。一方、男性の場合は気づかないこともあるし、このにおいで「イライラ」することもある。

雄イヌが発情期の雌イヌのにおいを嗅ぐと、どれほど興奮したり「恍惚」状態になるのか、イヌを飼っている人ならご存知だろう。雌イヌの尿に含まれているフェロモンは、雄イヌにとって刺激が強いため、性的な衝動を誘発するわけである。こうした嗅覚による行動は、人間にはほとんどない。

わたしたちの行動ににおいが大きく作用していたなら、人間社会の果たす機能はいまとはちがうものになっていただろう。しかし、人間の進化の過程で、脳や行動に効力のあるフェロモンの影響を避ける必要があったのかもしれない。だから、わたしたちは行動を抑制したり、理性的な行動をとったりできるのではなかろうか。それに、わたしの飼っているベンジーが散歩の途中でするように、においばかり嗅いでいたとしたら、わたしは物事を考える余裕などとてももてないにちがいない。

数年前、セントルイスにあるワシントン大学で心理学の教授をしていたことがある。そのときに、学生の一人が「臭いかぎによるあいさつの観察」という報告をしてくれた。要旨はこうである。檻に入れられたイヌの群れで、一日に何百回となくお互いのにおいを嗅ぐしぐさが観察された、というものである。いっしょに生活し、お互いのことをよく知っているイヌたちが、どうして相手のさまざまな部位のにおいを嗅がなければならないのだろう。わたしはそのとき理由がわからなかったが、いまでは「相手と接触をつづけるため」だと結論づけている。じっさい、動物がまわりと調和するというのは、物理的、社会的な環境と一体となることだけれども、その一部は、嗅覚を通してなされるのである。

飼い主がほかの動物を愛撫し、そのにおいを漂わせながら帰宅したときのペットの困惑ぶりを想像していただきたい。雌イヌの尿に含まれるフェロモンと同類の化学物質や（食物のようなにおいのする）畜産業のさまざまな副産物を混ぜたフェイスクリームやハンドクリーム、ローション、調合剤があるが、こうしたにおいでイヌを混乱させないよう注意を怠ってはならない。

いままで述べてきたように、性的に興奮したり、攻撃的になったりという反応は珍しいことではない。このような反応から、イヌがわたしたちよりもきわめて敏感ににおいを嗅ぎ分けていることがわかる。イヌの生活のなかで、においの果たす役割はきわめて大きいのである。

このようにイヌは、においにひじょうに敏感であり、またそれに依存して生活している。また、においを識別することもできるが、これは鼻の受容器がきわめて発達していることに加えて、わたしたちを含めた霊長類にはない第二の嗅覚器官を備えているためかもしれない（だからわたしたち人間は、思索にふけることができるのかもしれないが）。この第二の嗅覚器官は、鋤鼻《じょうび》器官、あるいはヤコブソン（ヤコプソン）器官[3]と呼ばれている。この器官は鼻腔にあり、上顎の前歯の後ろに二つの導管として開口していて、なめたり味わったりしたものは、この導管を通るしくみになっている。ヤコブソン器官は、社会的な生殖行動やなわばり行動、社会的な攻撃行動をつかさどる大脳核の一つである扁桃核[4]につながっている。

イヌは、嗅覚が高度に発達しているので、わたしたちよりも敏感ににおいを嗅ぎ分けることができる。たとえば探索犬は、道に迷った人をにおいを頼りに捜し出すことができるし、一卵性双生児のうちの一方をにおいで識別することもできる。また、銃や爆弾、麻薬の隠し場所を迅速に探り出すこともできる。嗅覚があまり発達していないわたしたちの目には、超能力《サイキック》として映るのも無理はない。

訓練を受けたイヌが、交配できる雌ウシを知る目的で使われる場合がある。農場経営者のなかには、たとえば雄と雌を引き離してブタの社会的な環境を乱してしまうと、雌ブタのにおいによる刺激がないために、若い雄ブタの性的成熟が遅れてしまうことを経験的に知っている人がいる。

育児中のウマやヒツジが母親を失ったほかの子どもを育てるケースがあるが、農場経営者たちは、この行動にフェロモンが大きく作用していることにも気づいている。育児中の動物は、親のない子どもに自分のにおい、あるいは自分の死んだ子どものにおいがついていると、いっそう受け入れやすくなるようだ。ネコやイヌの場合には、さらにすんなりと受け入れ、自分や子どもの体を拭ったスポンジで、親のない子どもの体を拭き取ってやると、ウサギやオオヤマネコ、オオカミの子どもまで引き受けることもある。

イヌは野外に出ると排尿し、頻繁に地面を掻いて、自分がマーキングした場所に目印を残す。この行動は社会的な儀式のようなもので、「身分証明書」としての役割を果たし、性的な状態や

イヌの嗅覚が並外れていることを知らない人はいないだろう。臭跡をたどって追跡するイヌの能力を利用した例としてもっとも有名なのは、道に迷った人や逃亡者の跡を追うブラッドハウンドの仕事かもしれない。近年、イヌの嗅覚にはこれとは別に、捜索や救助の仕事や爆弾の発見からウシの発情期の確認といった重要な役割が生まれてきた。写真提供 HSUS/Dommers

おそらく感情の状態までも、ほかのイヌに示すのである。イヌの排尿は、鳥のさえずりに相当するもので、テリトリーを守ったり、配偶者を引きつけたり、競争相手を追い払うはたらきをする。

イヌの感情の状態は嗅覚によって伝えられている場合がある。では、恐怖感を嗅覚によって察知することができるだろうか。いまのところこれを裏づけるような報告はないけれども、可能性は高いと思う。ネズミを使った研究を紹介しよう。ある刺激に対して怯えているネズミのグループから送風した空気のにおいを、グループとは別の場所にいるネズミに嗅がせてみたところ、極端に興奮するようになったという。ひどく怯えているイヌは、肛門腺から強烈なにおいを出すことがよくある。これは、ほかの個体への警戒信号なのかもしれない。スカンクでは、これが発達していて防衛の手段になっている。

わたしたちの感情は、体のなかの化学物質に影響を与える。したがって、わたしたちの顔の表情からでないとしたら、ペットは、体臭で人間の感情を見抜くことができるし、じっさいそうしていると思う。子イヌや子ネコ、人間の子どもの甘いにおいを嗅ぐことは、わたしたちにとってなじみ深い体験で、「既視感」を覚えることとすらある。においというのは、ふつう情緒的な記憶を呼び起こすからである。医師や獣医師のなかには、直観的に判断する特殊な診察の手段として、自分の嗅覚を利用している人もいる。

ネズミは、いつも世話してくれる人かどうか、または精神分裂症の患者とそうでない人のちがいに気がつく。これは、わたしたちの性格や感情状態が、生理、つまりわたしたちが体から発する化学的なにおいにも作用しているからである。このにおいには、食べものや体表にすむバクテ

革ひもでつながれたイヌは、まったく自由に他のイヌとやりとりできるときよりも攻撃的になりやすい。どうしても革ひもでつないでおかなければならないときには、社会的な出会いに注意を払わなければならない。しかし社会的な出会いは、ほとんどのイヌにとって有益なことである。写真提供 HSUS

リアが大きく関係している。したがって、人によるにおいのちがいは、遺伝的な、あるいは人種のちがいというよりも、こうした外因によるものと考えられる。イヌは飼い主とは異性の人を恐がったり、攻撃したりするという「偏見」があるが、これは性別というよりも、性フェロモンと関係のあるにおいが原因となっているようである。

イヌは、嗅ぎ慣れた飼い主のにおいに愛着をもっている。女性の飼い主がめったに男性に会わなければ、ペットは男性に対して、怯えた態度、または攻撃的な反応（これは、社会的な対立または嫉妬であるとわたしは解釈している）をすることがある。雄イヌならば、来客に向かって故意に脚を上げてみせることがある。見慣れないものや邪魔なものにマーキングすると、安心感を覚えるのかもしれない。また、ほかのイヌが残したマーキングの上にマーキングをおこなうことがある。ほかのイヌが目印をつけたその場所に放尿するイヌがその例である。これは、共有している場所に単に「名刺」を残したとも考えられるし、ほかのイヌの目印を完全に消すためとも解釈できる。雄と雌のイヌがいっしょに野外に出て、一匹が目印をつけたその場所に、相手のイヌが放尿したのをみたことがある。これは、二匹の親密さをほかのイヌに示す信号なのだろう。

嗅覚という奥の深い世界について、わたしたちは意識的に慣れ親しもうとしていないので、認識の面でも感情の面でもこのような豊かな経験の世界とは無縁である。わたしたちは、嗅覚の世界といかに離れてしまっているかを認識したうえで、ペットの行動や動物の行動に関する知識を介して、慣れ親しもうとすることを学べば、きっと新しい視界がわたしたちの前に広がるだろう。どうやら、ものごとの核心とでもいうべきものがにおいによって表現されているようである。それは、バラの香りや焼き立てのパンのような香りがするイヌの息のにおい、生まれたてのイヌの頭皮の甘いにおいといったものだ。こうしたにおいは、動物の行動に深い影響を与えており、研究によると、わたしたち人間のほとんど無意識な行動にもはたらきかけている。交尾したばかりの雌ネズミは、見知らぬ雄ネズミのにおいを嗅ぐと、妊娠が抑制されることがある。また、以前あらそって自分を打ち負かした相手の檻のなかにそのネズミを入れると、優位なネズミがいるわけでもないのに、数時間以内で死んでしまうことがある。

動物はある種のにおいを楽しんでいるが、いったいどうやって「恍惚状態」になるのかいつも不思議に思う。イヌは汚物のうえで転げまわるのが好きだが、こうして体ににおいを「まとう」のである。わたしたちが視覚や聴覚といった知覚で絵画や色、音楽を楽しむように、イヌにも美的感覚があるらしい。オラフ・ステープルドン[5]は、著書『シリウス』[6]という空想科学小説のなかで、イヌと似た嗅覚の、つまりイヌの感覚を身につけた人間が体験する神秘的な嗅覚の世界をうまく表現している。コンパニオン＝アニマルににおいが与える影響がどんなものであれ、わたしたちはこの並外れた感覚の世界に共感するように努力すべきだし、少なくとも、外を散歩しているときには、においを嗅いだりマーキングしたりする時間をたっぷりとってやろう。そのときイヌは、においで書かれた新聞のなかの「細かい情報」を読んでいるのである。

［1］アルドステロン（aldosterone）：副腎皮質ホルモンの一種。

［2］テストステロン（testosterone）：男性ホルモンの一種。

［3］ヤコブソン（ヤコプソン）器官（Jacobson's organ）：ヘビ類、トカゲ類では主要な嗅受容器官としてはたらくが、ほかの諸動物での機能はわかっていない。デンマークのL. L. Jacobson〈1783-1843〉の命名による。

［4］扁桃核（amygdala）：側脳室の下角の前端にあり、扁桃〈アーモンド〉に似ているところからこの名がある。

［5］William Olaf Stapledon（1886-1950）：イギリスの作家、哲学者。大学教師のかたわら、現代SFへの影響力においてH・G・ウェルズと並ぶ重要な作品を書いた。ほかに長編『オッド・ジョン』（1935）（邦訳早川書房）。

［6］中村能三訳／早川書房／1976

7 動物の超自然的《スーパーネイチャー》な能力

動物の並外れた感覚や知的な能力は、いわゆる霊感的《サイキック》な現象として現れることがある。しかし、動物や人間の霊感的、あるいは超常感覚的な離れわざは、現代の客観的な科学研究の枠を超えている。これは科学の限界というよりも、科学的精神の限界を反映したものだ。

一九六一年から翌年の冬にかけてのことである。ジョン・ガンビルという男性が、テキサス州のパリスという町の病院で死去した。彼が息を引きとったとき、数百羽の野生のガンが鳴きながら病院の上空を旋回した。まるで彼の死を悲しむかのようだったという。これを偶然の出来事だという人もいるかもしれない。だが、生前、彼は野生のガンのためのサンクチュアリを自分の農場に設けていた。ガンにはどういうわけか、それがわかっているようだった。そもそも、その保護区は、彼が息を引きとる何年か前に造ったものである。傷ついた野生のガンの手当てをして放したことがきっかけだった。完治したガンは、まず一二羽のガンをつれて戻ってきた。最終的には、三〇〇〇羽を超えるガンが、一冬を安全に過ごすためにその土地にやってきたという。そこで、鳥のための永続的な保護区を造ろうと彼は決意したというわけである。

この感動的な話は、これまで本や新聞、雑誌にくわしく報告されたなかのほんの一例にすぎない。この章では、動物の精神的な世界をかいまみるような不思議な出来事を紹介することにしよう。わたしと同じように読者のみなさんも、動物は人間とはことなった知性の形態や次元をもっているかもしれないと考え、驚くかもしれない。それは、わたしたちがめったに経験できないような内なる自然の知恵なのである。次に述べる逸話のなかには、それ自身が説明になっているものがある。したがって、少なくともそのような現象について何も知らないうちから、起きていること以上のものをそこから読み取ろうとするのは慎しむべきである。このような驚異的な話を楽しむのに欠かせないのは、健全な疑いの眼差しで眺めつつ、同時に開かれた心を保つことだけである。

調査のゆきとどいたビル・シュールの『動物の霊感能力』という本には、動物の不思議な能力に関する話が述べられている。なかには死後の世界にまつわるものもある。この本に収められている例から話を始めることにしよう。カンザスシティーに住んでいるある男性は、スパニエル犬の鳴き声で目を覚ました。そのおかげで、家族を火災から守ることができた。実は、このスパニエル犬は六カ月前に死亡していたという。また、コロラドに住んでいるあるドライバーは、深夜、山道を走行中に、むかし飼っていたコリーが目の前に現れたので車を止めた。そして、その道の先が崩れ落ちていることに気がついた。もしもそのまま走行をつづけていたら、車ごと崖から転落という事態になっていたにちがいない。そのコリーは一年前に死んでいたという。シュールは、このほかにもイングランドでの出来事を報告している。ある養蜂家が死亡したとき、その棺にハチが群がり、しばらくしてから巣に戻ったというものである。

超感覚的知覚を発揮する能力は、イヌにも他の動物にもあり、これを裏づける出来事や記録が数多く報告されている。またこれは、周囲にいるコンパニオン＝アニマルへの興味をかき立てる不思議な能力である。
写真提供 HSUS/Dorothy Carter

こうした不思議な話には事欠かない。病気を患ったシロイワヤギ[1]がカリフォルニアの小さな町で医師を探し歩き、手当てをしてもらった。次の年、そのシロイワヤギは、病気に罹った自分の子ヤギをつれてその医師のもとに戻ってきたという。あるいは、捕獲用のワナにかかったボブキャット[2]を救出して治療したのち、野に帰してやったところ、翌年、助けてくれた人のもとへ子どもをつれて戻ってきたという記録もある。

このほかにもシュールの本には、ある少年が森林地帯で道に迷ったとき、ビーバーに一晩中、身体を温めてもらったという例や、訓練したわけでもないのに、雌ウシが盲目の農場主の盲導犬ならぬ「盲導牛」になったという事例が紹介されている。

ところで、家系をたどってみるとアイルランドの貴族にたどりつくという知り合いが、わたしにはいる。彼の話によると、家族の一人が息を引きとると、日中はほとんど姿をみせないキツネがその家の周辺の開けた場所に現れるという。イギリスでは、このほかにも二つの旧家で似たようなことが起こるらしい。そこでも、家族の一員がこの世を去ると、まるで敬意を払うかのようにキツネが姿をみせるという。いったいその土地では、家族とキツネのあいだにどのような関係や歴史的つながりがあるのだろうか。

ヨーロッパの旧家では、フクロウのホーホーという鳴き声が家の近くで聞こえた場合には、身内か親しい友人の死期が近いと信じられている。こうしたトーテミズム[3]、すなわちいまでも時おりみられる動物への迷信は、わたしたちの祖先が動物の心を「読みとり」、情報源としていた遠い昔から生き残った断片のようなものかもしれない。いまでもアメリカ＝インディアンは、野生のガンの飛び方やその飛行方向、あるいは上空を飛ぶタカやワシの動きなどから、それがどのような意味をもっているのかくみ取っているという。どうやら、動物との精神的なつながりがきわめて強い時代があったのではないだろうか。わたしたち人間は、動物のごく身近な存在として、また採集狩猟をするものとして動物たちと同様に大地の恵みによって生きていたため、動物たちを情報源とし、予兆を伝えてくれる対象としていたとしても不思議ではない。「原始的」な人間の精神にとって、合理的な因果関係についての認識は、わたしたちとは大きく異なっていたようで、ある出来事を説明するために、自分たちの納得のゆく偶然の一致や相関関係を探したのだろう。たとえば、ティピー[4]の上空にワタリガラスが現れたときに、偶然だれかが息を引きとったとする。それ以後、ワタリガラスが現れると、何か不吉なことが起こる前兆と解釈しただろう。このようなことが起こる頻度が、偶然とするにはあまりに大きすぎたのかもしれない。このような偶然の一致は、自然界の本質に思いをめぐらし、動物と人間の意識の結びつきの不思議さに目をみはらせることになる。

わたしの友人に、一匹の年老いたイヌを安楽死させたジャーナリストがいる。彼が、たいへん仲のよいコンパニオンだったイヌを安楽死させたのは、それがイヌにとって最善の方法だと判断したからである。獣医と助手がやさしくイヌを抱きかかえると、二度と生き返ることのないよう静脈に麻酔を注射した。友人はおし黙ったままだった。すぐにイヌは意識を失い、呼吸が絶えた。息を引きとった瞬間、不思議なことが起こった。そのときの様子を彼は、「艶のあるイヌの毛が色を失ったかと思うと、その身体からイヌの形をした銀白色のものが〔幽体離脱であるかのように」浮きあがってきた。やがて、それは溶けるように空中に消えた」と、言っている。それは、魂が目にみえる姿として解釈できるものに一番近いものを彼がみた出来事だった。

　野生のガンやキツネ、ワタリガラスが親しかった人の死亡を察知することができるというのは、とうてい信じられないような話である。しかし、何か目にみえない深い絆で飼い主と結ばれていると解釈すれば、ペットのこうした能力を素直に受けとめることができそうである。ペットは、身近な人が息を引きとると理解しがたい行動をすることがよくある。パニック状態になったり、苦痛の鳴き声を出したり、憂鬱そうなしぐさをしたりというのがその例である。こうした反応は、飼い主やその家族、あるいは仲のよいペットが死亡したときにみられるという。また、敏感なイヌだと、たとえ遠くに離れていてもこのような反応をすることがあるという。どうやら、距離に関係なく相手の死を知ることができるらしい。

　老夫婦のどちらかが息を引きとると、まもなく配偶者も死去することがよくある。これと同じことはペットでも数多く記録されている。また、わたしがイギリスで獣医の実習をしていたときには、死亡したネコのあとを追うようにして飼い主の老婦人が死亡したことがあった。単なる偶然の一致なのだろうか。それなら、どうして健康だったレトリーバーが最愛のコンパニオンだったカナリアの死を哀しむかのように鬱状態となり、ついには息を引きとってしまったのだろう。動物と人間のあいだでも、精神的な絆が強い場合には、一方がこの世を去ると、相手はそれを察知するだけでなく、自らも息を引きとることさえあるのかもしれない。次のようなケースもあった。ある少年が白血病のために病院で死去したという痛ましい出来事である。彼が飼っていたハトは、なぜか少年の居場所をみつけだし、病室の窓の敷居にとまった。その少年は、脚につけていた認識環から、飼っていたハトであることに気がついた。驚いた病院の職員は、そのハトを少年の病室に入れていっしょに生活させたのである。この事例はそれほど驚くにあたらないかもしれないが、「知る力」（あるいは動物の内なる知恵と呼ばれているもの）に関するケースのなかではひじょうに信頼に値するものである。ほかにも、イヌやネコが死んだ飼い主の墓をみつけだしたり、まるで死を惜しむかのように何度もその墓を訪れたりする例、またときには何年も墓の周辺にいたなど、数多くの事例が報告されている。

このように、動物のなかにはヒューマン＝コンパニオンのあとを追って墓を訪ねたりするものもいるが、それ以上のこともあり得る。「感応追跡」と呼ばれる行動があり、事例を徹底して調査した結果、このような現象が存在することが確認されている。もっとも有名な例としてすぐに頭に浮かぶのが、ラッシーという名のイヌのケースだろう。この雑種犬をケンタッキーの小さな農場に残して、飼い主がカリフォルニアに移り住んだ。そのイヌは、引きとってくれた人々のもとを去り、飼い主がカリフォルニアのパコイマという街にいるのを探し当てた。また、クレメンタインという名のネコは、ニューヨーク州ダンカークからコロラド州デンバーまで、飼い主を探す旅をしたという。この間の距離はゆうに二四〇〇キロを超えていた。なかには、四〇〇〇キロあまり移動した例もある。それはトムという名のネコで、フロリダ州セント＝ピータズバークから、飼い主が転居したカリフォルニア州サンガブリエルまで旅をした。

ところで、わたしの友人にアランという精神科医がいる。彼がまだ若かったころ、ニューヨークのブルックリンからクイーンズに移り住むことになった隣人にイヌをもらった。しかし、そのイヌを飼ってわずか二日間で逃げられてしまった。数日後、もとの飼い主から、転住先のクイーンズでそのイヌをみつけたとの連絡があった。飼い主は、そのイヌはかつて一度もクイーンズを訪れたことがないのにと驚き、やはり自分が飼ってやるべきだと思ったという。

一九八三年の春、これと似たケースが全国的なニュースで報道された。コロラドで隣人の家に引きとられた雑種犬が、真冬のロッキー山脈を越えてカリフォルニアまでたどり着いた。カリフォルニアにはこれまで一度も足を踏み入れたことがないのに、その土地で飼い主の新居をみつけだしたという。

次はイギリスでの出来事（*Agscene* 誌、一九八四年二月）。ブラッキーという名の母ウシが、子ウシとともにオークションにかけられ、それぞれ別の農場に引きとられた。その夜、ブラッキーは農場を抜け出し、翌朝、子ウシを引きとった農場で授乳しているのを発見された。オークションの下げ札から、授乳している母ウシの飼い主はわかった。しかし、驚きと同情の声があいまって、結局、二頭はいっしょに暮らすことになった。この農場は、母ウシが逃げ出した農場から一一キロほど離れているうえ、ブラッキーは一度もこの農場に来たことがない。この距離だと、大きな鳴き声を出しても届かないだろうし、そもそもウシの嗅覚がそれほどすぐれているわけでもない。もしかすると、テレパシーのような能力、あるいは何らかの超常感覚的な能力が作用したのだろうか、いまのところわたしにはよくわからない。ただ、少なくとも子ウシといっしょにいたいという思いや母性本能の強さには、目をみはるものがある。

感応追跡のケースとしてもっとも有名なのは、一九一四年、第一次世界大戦のさなかに起きたものである。イギリスのロンドンに住んでいたジェームズ・ブラウンという兵卒は、プリンスという名のアイリッシュ・テリアを飼っていた。彼がフランスのアルマンティエール[5]に配属されると、プリンスは二週間かけて旅をし、彼と再会したという。

感応追跡という現象は、自然科学ではうまく説明できないため疑問を抱いている人が多い。飼い主が自分のイヌだと確認していても、そうである。じっさい、動物の感応追跡についての証拠は議論の余地のないもので、論駁するのは不可能である。どうやって飼い主を探し出しているのか、あるいはなぜ飼い主を探そうとするのか尋ねられても、愛の力がはたらいたとしか答えようがない。いったい、これらの証拠は何を意味しているのだろうか。また、どのような深い意味があるのだろう。

まずいえることは、あなたのペットも含めて動物には、わたしたち人間よりも研ぎ澄まされ、より発達した精神的（霊感的）な能力があるかもしれないということである。透視能力者や予言者、あるいはまれにわたしたちが経験する既視感や予知現象を別とすれば、人間にとってあまりなじみのない現実のもう一つの次元に対して、動物にはわたしたち以上の知覚力や受容性があるのかもしれない。

最近、デューク大学の故J・B・ライン博士[6]は、ペットにおける心霊能力とおぼしき事例を数多く調べてみた。以下にあげるケースは、動物がそのような能力をもっていることが疑いようもないものばかりである。なかでも、もっとも驚くべきケースは、一匹の雌イヌの追跡にまつわる話である。夏の休暇を楽しんでいたある家族が別荘でその雌イヌを引きとった。夏の終わりに、そのイヌは数匹の子どもを生んだ。休暇も終わり、その家族はニューヨークの自宅に戻らなければならなくなったが、イヌたちを連れて帰るわけにはいかない。そこで、引きとってくれる人を別荘の近くで探し、置いて帰ることにした。驚いたことに、一カ月ほどたって、ニューヨークの自宅にそのイヌがひょっこり現れた。だが、ニューヨークの自宅を知っているはずがない。また、自宅とその別荘は五〇キロほど離れているのである。その雌イヌはまず、自分の子イヌのうち一匹をくわえてきて、驚いている飼い主の足元に置いて姿を消した。数日後、こんどは二匹目の子イヌを連れてくると、また屋外に出ていった。こうしたことが何度かつづいて、結局、子イヌすべてを飼い主の自宅に一匹ずつ運んできたのである。もちろんイヌたちは飼い主といっしょに暮らせることになった。たしかに、うまくできすぎた話ではある。しかし、ライン博士が十分に調査して裏づけをとった実例であることをつけ加えておく。

ペニーという名のテリア犬の例をみてみよう。母親が死んで一年半たって、飼い主の娘は、母親の墓地を訪ねてみることにした。いままで一度もその墓を訪ねたことのないペニーもいっしょである。やがて、墓地に着き、娘が墓に供える花を買うために車を降りようとすると、ペニーはその車から飛び降りた。娘が急いで探してみると、なんとペニーは母親の墓で横になり、クンクンと哀しげな鳴き声をあげていたという。娘の家族が最後に墓を訪れたのは、この出来事が起こる数カ月も前だったことから、ペニーが家族のにおいを頼りに墓を探し出したとは考えにくい。

ライン博士はこのほかにも二つの実例をあげているが、そのどちらも、イヌにはＥＳＰ（超感

墓を見守りつづけるイヌのもっとも有名な例の一つは、「グレイフライアーのボビー」だろう。ボビーはこの写真に似たスカイ・テリアだった。彼の飼い主が1858年にスコットランドのエディンバラで息を引きとったとき、ボビーは死ぬまでの14年間もその墓を見守りつづけた。このイヌのみごとな忠誠心をたたえた記念碑は、飼い主とボビーが埋葬された場所の近くに立っている。写真提供 Rudolph W. Tauskey

覚的知覚）があることをはっきりと示している。まず、飼い主が飛行機事故に遭ったというイヌの例である。事故の瞬間、そのイヌは、苦痛の色をみせ、這うようにして家の床下に身を隠した。飼い主が昏睡状態だった数日間、イヌは床下から出ようとしなかった。そして、飼い主が意識をとり戻したまさにそのときに、ようやく姿を現したという。

次に、バージニア州リッチモンドに住んでいるあるイヌが、野外でキャンプをしていた二人の少年を救出するのに一役買ったというケースである。深夜、少年の両親はイヌの騒々しい鳴き声で目を覚ました。何かよくないことが起こったのではないか。とっさに二人の子どものことが頭に浮かんだ。さっそく、二〇キロほど離れたキャンプ地に車を走らせた。そこでは山火事が発生し、少年たちの寝ているテントに炎が迫っていた。イヌのおかげで手遅れにならずに救出することができたのである。

ミノルカ島[7]で起こった事件を紹介しよう。一九八三年の春のことである。村民は、行方不明になっている三歳の子どもをかれこれ三〇時間も捜していたが、いっこうに手掛かりをつかめないでいた。捜索隊のリーダーである村長のホセ・タデオは、ひとまず三キロほど離れた自宅に戻ることにした。家に着くなり、二歳になるアイリッシュ・セッターが吠えはじめ、外へ出してくれとばかりに戸を爪で引っ掻きつづけた。彼が戸を開けてやると、イヌは村人が少年を捜索しているちょうどその一帯へ彼を案内した。イヌは、茂みに覆われた小さな溝のなかで意識を失いかけている少年をみつけだしたのである。一日中家のなかにいて、しかも家とその場所は三キロも離れていたのに、どうしてそのイヌには少年の居場所がわかったのだろう。

人間が動物と「話す」ことができた時代を物語る古代の記録があり、動物と人間の意識のあいだに、何かしら深いつながりがあったことをほのめかしている。動物へのトーテム崇拝や偶像崇拝がめんめんと引き継がれてきたのは、動物と人間が意識のうえで強くむすびついていた証しかもしれない。文明化や技術革新が進むにつれて、自然界の内なる知恵からますます疎外されてきたように思う。自然から離れるとともに、何か大切なものをわたしたちは置き忘れてきたような気がしてならないのである。

ネコやイヌの感応追跡について信憑性の高いケースをこれまで紹介してきた。こうした実例を目の前にすると、わたしは謙虚になり、身近にいる動物の超自然的な能力への深い畏敬の念をおぼえる。動物のそうした側面を身近に見聞きすることで、動物に対する軽蔑というよりも、動物は人間に劣らず知的な生き物であるという態度が育まれるような気がするからである。ところで、いったい何をもって知能を測るのだろう。「ネコはイヌよりも賢いですか」という質問をよく耳にする。しかし、この質問は、一般的にわたしたちが動物に対して無知であることをさらけ出しているようなものである。「ネコはネコという存在においてわたしたちよりも賢い」というのがこの質問の答えである。同じ理由で、わたしたちは動物の生得的な行動を機械的で反射的、無感覚なものとして貶めている。渡りの能力を身につけた鳥やチョウは、たとえ数千キロ離れていて、しかも一度もそこに行ったことがなくても、いつも決まった場所に向かって渡りをする。たとえ科学が、渡りの能力を太陽や月、星の位置、あるいは地磁気によるものとして解き明かしたとしても、どのようにしてこのような能力が遺伝するのか不思議に思うにちがいない。

ここで帰巣本能にまつわる実例を紹介しよう。ボビーという名のコリー犬が主人公である。これは徹底的に調査されたケースなので、ご存知の方も多いにちがいない。インディアナ州でボビーとはぐれたため、飼い主はボビーのいないままオレゴン州シルバートンの自宅に戻った。しかしばらくすると、不思議なことに飼い主の自宅に帰ってきたのである。真冬、しかもインディアナ州からオレゴン州まで五〇〇〇キロほど離れているのに、である。ボビーのこの偉業はすぐに大きな反響を呼んだ。道中、ボビーに餌を与えた人や家のなかに入れた人などが名乗りでてきた。こうしてボビーがどのような経路を辿ったのか推測できたというわけである。

こうしてみると、動物には航行能力や帰巣能力があることがわかる。また、感応追跡することもできるらしい。しかし、予知能力や千里眼のような能力が動物にも存在するのではないか、という説を素直に受け入れる気にはなれないだろう。

では、次の事例はどうだろう。第二次世界大戦中、イギリスでは、ネコが思わぬ理由で珍重されていた。爆弾、つまりV－1号[8]が身の近くに落ちるのを感知するというのである。つまり、この心霊的な能力が、人々の身の安全を守るために役に立ったというわけである。飼い主は、空襲警報が鳴っていても余裕をもって行動することができただろうし、飼っているネコが激しい動きをみせたときだけ、防空壕に避難すればよい。また、ペットや動物園の動物もそうだが、地震の発生を予知することができるという。なかには、発生の数日前から予知するものもいるらしい。そこで、中国やアメリカ合衆国の科学者たちは、動物の予知メカニズムについて解き明かそうとしている。科学的に考えると、動物には地球の磁場の変化を感知する能力があるということにな

イヌがもっている驚くべき能力には、ほかに感応追跡がある。感応追跡とは、何か事件が起こったとき、いままで一度も、あるいはほとんど来たこともない場所で、ものや人を捜し出す能力である。この現象は、論理的に説明できそうもないが、動物がこの能力を使ったという記録は数多い。写真提供 HSUS/Judith Halden

事実かどうかはさておき、コリーは、すばらしい帰巣能力の持ち主としてとくに有名である。

るかもしれない。そうなると、このような能力には科学的な説明が与えられ、もはや「霊感的」とはみなされない。

とくに愛情や恐怖感、大切なものを失った悲しみといった感情は、感知できるものなのではないかとわたしは思う。これを説明する証拠はまだ十分そろっているわけではないが、接触や光、音といった物理的な振動がわたしたちの感覚に作用しているように、そうした感情が考えやアイデアや心のなかのイメージといったものと同様に、敏感でなんでも受け入れやすい心に影響をおよぼしていると考えている。ふつう、動物の感覚は鋭く、いわばみごとに調整されていて、嗅覚や視覚、聴覚、触覚で、わずかな物理的変化を感知する能力をそなえている。動物は感覚領域における感情や精神の変化にも敏感に反応しているのではないだろうか。だとしたら、わたしたちのように感覚のそれほどすぐれているとはいえない生き物にとって「超感覚」として映ってしまうのも無理はない。ハチには紫外線がみえるし、ネコはネズミの発する超音波が聞きとれる。もちろん、わたしたちの感覚ではいずれもとらえることができないものである。これと同じことが、非物理的で形而上的な世界にもあてはまるのではないだろうか。わたしたちは、リラックスしていたり、瞑想していたり、眠りにつこうとしていたりするほんのわずかな時間（何も考えていないのではなくて、心が開かれ、穏やかになり、感受性が高まる瞬間のことである）でない限り、そのような世界に足を踏み入れることはない。わたしはよく遠い昔に思いをはせる。わたしたち人間の暮らしや心がもっと感情豊かだったころである。また、計画や練習に追われたり、思い出にふける必要のなかった時代である。考えたり頭のなかでひとり言をくりかえす必要のなかった時代といってもよい。そのころわたしたちは、おそらくいまでも動物同士がおこなっているように、ほかの動物と自由に心を通わせて、直感的に、つまりいまなら霊感的とよばれる方法で理解していたのである。

この章では、動物にまつわる不思議な話を紹介してきた。なんと驚くべき能力が、人に対する深い愛情のなかに表れていることだろうか。霊感的能力についての理論的な解釈や推測には関係なく、事実として残るのは、動物はわずかな意識をもった、薄ぼんやりとした世界に暮らす物言わぬ生き物ではない、ということである。まして、感情のない、生得的に行動する機械ではない。もしも、死後の世界があるとしよう。愛情や尊敬の念もないままに動物と接していくならば、きっとその報いを受けるはめになるだろう。たとえ死後の世界がないとしても、心を開いてつきあいたい。ときには、愛情やコンパニオンシップといった以上のもので、動物はわたしたちの生活に潤いを与えてくれるからである。素直な心で向かいあえば、わたしたちの知らないもう一つの現実である自然界や現象界への扉を開いてくれるにちがいない。それは、心理状態や生活スタイルのちがいから、わたしたちはもはやその一部ではなくなってしまっている世界なのである。この点で、わたしたちは動物よりも無知である。動物がわたしたちのことを知らない以上に、わたしたちは動物たちのことを知らないのである。

動物にみられる数々の「霊感的」な離れわざ。この偉業に欠かすことができない要因が愛情である。飼い主との強い精神的なつながり、といいかえてもよい。精神的なつながりを築くためには、ペットが生まれてまもないうちに適切に育て、うまく社会化させるということを心に留めておいていただきたい。このあとの章で考えてみることにしよう。

動物には死や神がわかるのだろうか

わたしの隣人に、飼い主としてひじょうに経験豊富な女性がいる。彼女は最近、ピーナッツという名の老犬を失った。ピーナッツが、昏睡状態に陥った三日間というもの、スージーという昔から仲の良かったイヌは、家に入ろうとしなかった。ピーナッツが息を引きとると、スージーと四匹のイヌが部屋のなかに入ってきた。その四匹のイヌは、わたしの隣人が引きとった迷子のイヌと、そのイヌが生んで大きくなった三匹のイヌである（このイヌたちにとっては思いがけない出来事だった）。五匹のイヌはピーナッツの体に近づき、取り囲むようにして座った。いつも決まってするような身体のにおいを嗅いだり、挨拶をするようなしぐさはしなかった。「まるで、葬儀のようでした。アイルランドでするような……とても信じられない光景でしたわ」。その女性は、わたしに言った。

動物には死がわかるように思える。わたしたち人間にくらべると、死への恐怖で心を奪われることは少ないかもしれないけれども、動物は死を感じとり、離別や死による深い悲しみを体験しているにちがいない。

このように死を感じとることが、宗教的な傾向や精神の目覚めのかすかな光をもたらすものと考える人もいる。神という概念が、動物にあるのだろうか。わたしたちの庇護のもとにあるイヌを含めほかの被造物にとって、わたしたち人間は低位の神々なのだろうか。わたしはその通りだと思うし、じっさいに神としてふるまうべきだと思う。アメリカの先住民族がいうように、思いやりや敬意、理解をもって、「兄弟姉妹」である動物と接するべきである。

アルベルト・シュヴァイツァーやマハトマ・ガンジーと同様、プラトンやピタゴラスもわたしたちに次のように警告していた。もし、わたしたちの力を乱用して、動物を支配したり、蔑んだりといった倫理に反する行為をしたり、人間と動物の深いつながりを否定するならば、それはわたしたちの神と親密な関係をも否定し、創造主を支配しようとすることにもなる、と。ようするに、それは傲慢の罪ということなのである。

わたしたちの隣人がイヌと経験したことは、彼女の悲しみをやわらげるはたらきをした。五匹のイヌがとった行動によって、彼女はピーナッツを失った悲しみをそのイヌたちと共有していることに気がついたからである。わたしたちは一人ではない。聖パウロは、次のようにいった。「被造物がすべてこんにちまでともにうめき、ともに生みの苦しみを味わっている……」と。これはいまでもいえることだ。いまこそ、命あるものとの親密なつながりを認めること、そしてわたしたちの庇護のもとにある動物に人道的な責任を認識することが大切ではなかろうか。これは、アルベルト・シュヴァイツァーが、「生命への畏敬」と呼んだものである。

動物には宗教的な感覚があるのだろうか。チャールズ・ダーウィンは次のように言っている。「人間と高等動物における知能のちがいは、種類の差ではなく、程度の差にすぎない。知能や言語、信仰心は、人間だけが備えている性質ではない」と。彼は、動物の身体の姿勢や鳴き声は、言語のようなものだと認めているし、イヌには良心があることを観察している。また、イヌの飼い主に対する道徳心や深い愛情、忠誠心は、一種信仰心に近いものと考えていた。この考え方は、擬人観としてみられがちであるが、飼い主とイヌとの関係と、神と人間との関係は同じようなものであるという見方は、詩人はもとよりさまざまな人が好んで使ってきた。J・A・ブーンは、『生き物とのふれあい』のなかで、牧羊犬のストングハートとの体験を書いている。まず、その牧羊犬は、彼をある場所に連れていき、腰をおろした。まるであたりの自然をじっとみつめているようであった。こうしてじっと醒めた意識をもったまま瞑想にふける状態を、イヌとともに宗教的な体験を分かちあったと解釈できるのではないか、と彼は述べているのである。

［1］シロイワヤギ（*Oreamnos americanus*）：アラスカ南東部、ユーコン川南部、マッケンジー南西部からオレゴン、アイダホ、モンタナにかけて生息。

［2］ボブキャット（*Lynx rufus*）：食肉目ネコ科オオヤマネコ属。カナダ南部からメキシコ南部にかけての山沿いの岩石地帯、荒れ地、やぶ、湿地に生息。

［3］氏族や家族が自分たちの象徴とみなす自然物。とくに鳥、獣など。

［4］北米インディアンの獣皮製住居。

［5］フランス北部の都市。第一次世界大戦の激戦地。

［6］J. B. Rhine：一九一五年〜八〇年。アメリカの超心理学の実践的研究の開拓者として有名。

［7］地中海西部、スペイン領バレアレス諸島のなかにある島。

［8］第二次世界大戦末期にドイツが英国に向けて発射した無線操縦の無人ロケット型爆弾。

8 スーパードッグに育てよう

「スーパーペット」を育てるには、三つの要因を忘れてはいけない。「社会化」と「環境の豊かさ」、そして「発育初期の扱い方」である。いわゆる決定的な社会化期というのがある。これは、コンパニオン犬として飼ううえで、あるいは労働犬として訓練するうえで、子イヌを飼うのにもっとも適した時期のことである。研究によると、子イヌがもっとも早く人と「絆」を築くのが、生後六週から八週のあいだだという。

社会化

社会化は、イヌを感情的になつかせ、さらに訓練しやすくする。社会化が生後三〜四カ月、もしくはそれ以上遅れると、子イヌはあなたに十分になつかず、訓練がむずかしくなることがある。また、飼い主と子イヌとの「一次的」な絆は、このように早い時期に確立しておいたほうがよい。でないと、「二次的な絆」（他人にもなつき、信頼すること）が発達しないからである。

社会化は、幼い動物と飼い主の大切な数多くのやりとりから成っている。社会化の過程は、本質的にはどの幼い動物にも共通している。カゴに入れて飼う鳥（たとえば、インコやオウムなど）、カゴで飼う哺乳類（ネズミやアレチネズミ、ハムスターなど）、ネコ、イヌ、ウマ、ヒツジなどの家畜がそうである。これと同程度の社会化であれば、ヘビやウミガメ、トカゲといった爬虫類にもみられる。人間に扱われることに慣れてくるため、次第に人間への恐怖感がなくなってくるのである。

社会化は、まず人間に「身をさらす」ことをともなうため、幼い動物は人間の存在や人間の行動、視線、声、においに順応するようになる。次に、ある決まった訓練をくり返すことで、体の動きを止めたり、抑制したり、ある姿勢を保ったりすることに慣れてくる。「接触型の種（contact species）」や、生まれつき仲間同士でなめあったり、グルーミングしたりするのを好む種は、わたしたちによろこんで触れられたり、愛撫されたりすることを学ぶ。しかし社会化していない種は、人間が体に触れると、怖がったり、避けようとしたりする。

早い時期に人間との接触（あるいは穏やかなグルーミング＝トーキング[1]）にさらされると、満足のいく絆を築くことができる。そのため、子イヌはその後も、飼い主にほめられたり、撫でられたりすることを楽しむようになり、報酬とみなすようになる。愛撫すると、イヌの心拍数は著しく減少する。これは、一般に副交感神経系を刺激している証拠である。この刺激を通して、異種間（ここでは人間）との満足のゆく絆や社会的な愛情が生後まもないうちにできるのである。

社会化には、これとは別のやりとりがある。世話をし、食事や水を与え、かくれ場所や安全を確保してやることは、「子育て」には欠かせない。飼い主は、その子イヌの母親の行動をまねているため、飼い主になつき、わたしたち「里親」に依存するようになる。

ときどき子イヌの親が自分の子どもと遊んだり、探検したり、しつけたりするように、わたしたち「里親」も、こうした行動をとるべきである。定期的にイヌとゲームをしたり、走りまわったり、綱ひきをしたりする。また、かくれんぼをしたり、じゃれあったりしてみる。こうした遊びは、いっしょに遊んだりそばにいてくれる人との絆を深めるはたらきをする。幼いイヌは、自分をとりまく世界を探索するのは、イヌが成長するうえできわめて大切なことである。幼いイヌは、親に身を守ってもらい、教わりながらまわりの世界について学び、観察学習によって生き残る方法、つまり、狩りをする場所や安全な隠れ家をさがす知識を身につけるのである。したがってわたしたち「里親」も、親イヌのように子イヌに接するべきである。いつも檻のなかや犬舎に入れられているイヌは、こうした経験や環境を奪われていることが多い。新奇なものを好む（ネオフィリア）のは、ごく自然にその対象物の世界を探索することにつながり、そして知識を得ることになるが、このような環境では未知なものへの恐怖（ネオフォビア）によって抑制されてしまう。発育初期の環境の豊かさとは、親の目の届くところで幼いイヌを新たな数々の刺激にさらしてやることによって、徐々に経験をつませることである。それは社会化のプロセスの一部である。親が身を守ってくれる範囲内で、子イヌは自立心を養う。過保護に育てること、つまり、それがたとえ危険であろうがなかろうが、未知の状況や対象を探索させないことは、動物（あるいはわたしたちの子ども）を制限された環境のもとで育てることと同じくらい望ましくない。

しつけも、社会化には欠かすことができない重要な要素である。ほとんどの哺乳類は、遊んでいる最中に激しく嚙みついたり、親の社会的な地位や相手の「権利」(1)を尊重しなかったり、予想外の行動をとったりすると、自分の子どもを叱るのである。親のこうした効果的なしつけによって、社会的にうまく順応したイヌになる。飼い主がペットをわがままに、自由奔放に育てることがあまりに目につくが、その結果、たいてい反抗的で、いつも勝手にふるまうイヌになる。このようになってしまうと、成長してから訓練で矯正しようにもなかなか思うようにいかなくなってしまう。

賢い動物（あるいは人間）の子育てには、しつけと愛情とのあいだに微妙なバランスがある。忠実な行動は愛情によって報われるかもしれないが、愛情は服従が条件なのではない。親による保護と子どもの依存、乳離れによる独立とのあいだにも微妙なバランスがある。過保護は、個性や自立心をやしなううえで妨げとなるし、自主性を拒否することは、知能の発達を制限することになるだろう。

動物の基本的な気質は、最適な社会化と慎重な扱いをすることで改善できる。たとえば、臆病なイヌがいるとする。もし、そのイヌを正しく扱うと、その「遺伝子型《ゲノタイプ》」がよりおだやかな形で表現される」ことで、安定した、順応力に富んだイヌになる一因となるにちがいない。

早い時期に子イヌの気質が見分けられれば、それだけ早く欠点を補うことができる。生後わずか数日の子イヌの扱いに慣れている人ならば、それぞれの子イヌの気質のちがいに「気づく」はずである。もともと臆病で、精神的に不安定な子イヌは、触れられると緊張し、そっとひっくりかえしてやると怯えた声を発するだろう。いったん不安になると、安定した子イヌよりも落ちつくのに時間がかかる。そこで聴診器がおおいに役立つこともある。生後三～四日の精神的に不安

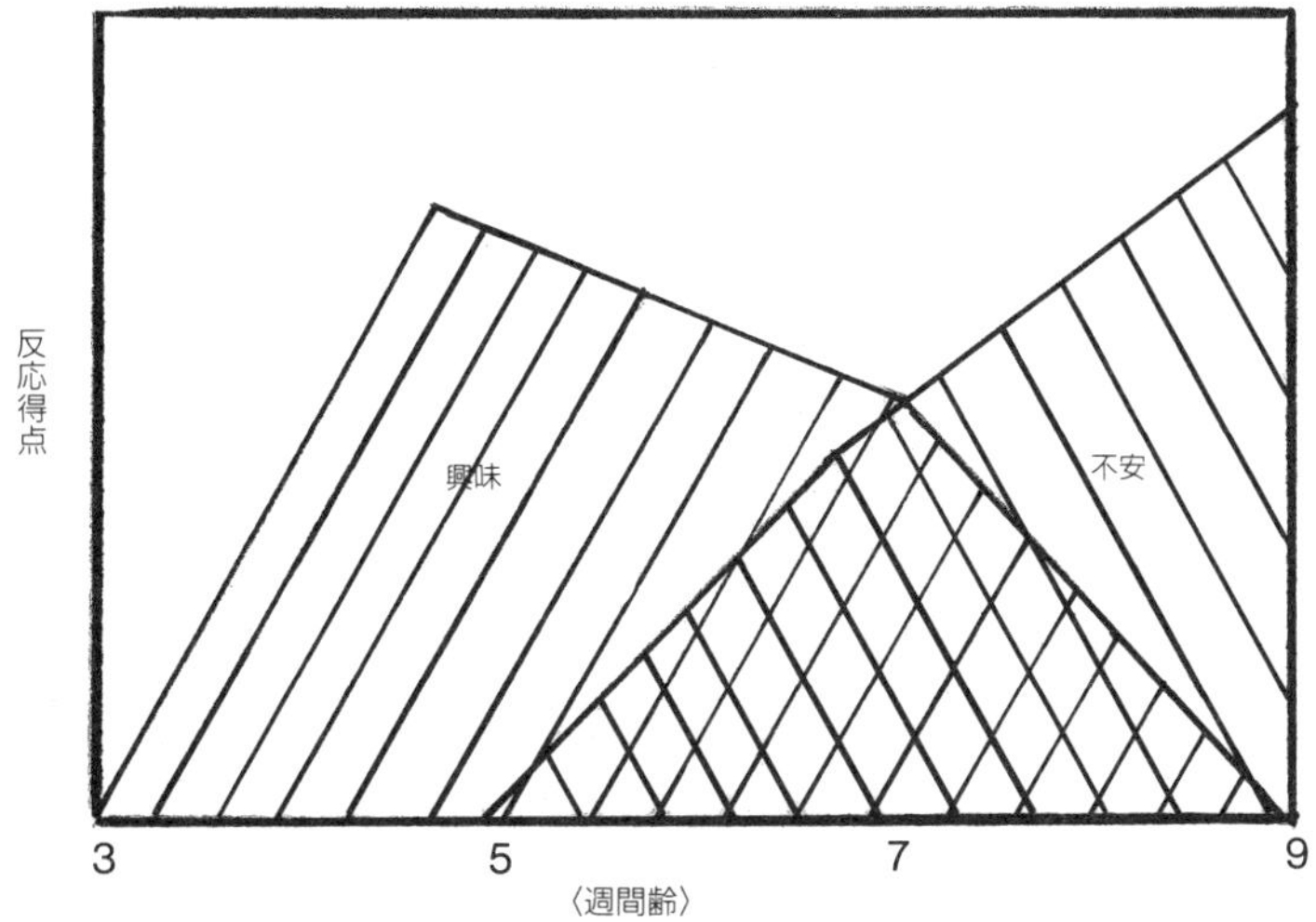

子イヌと人間との社会的な絆は、まわりに興味を抱く時期である五～八週齢のあいだにもっとも形成されやすい。もし生後九～一〇週、あるいはまたそれ以上たってもわたしたちが接触しないと、その子イヌは怯えるようになり、人間への社会化がむずかしくなる。資料提供 HSUS

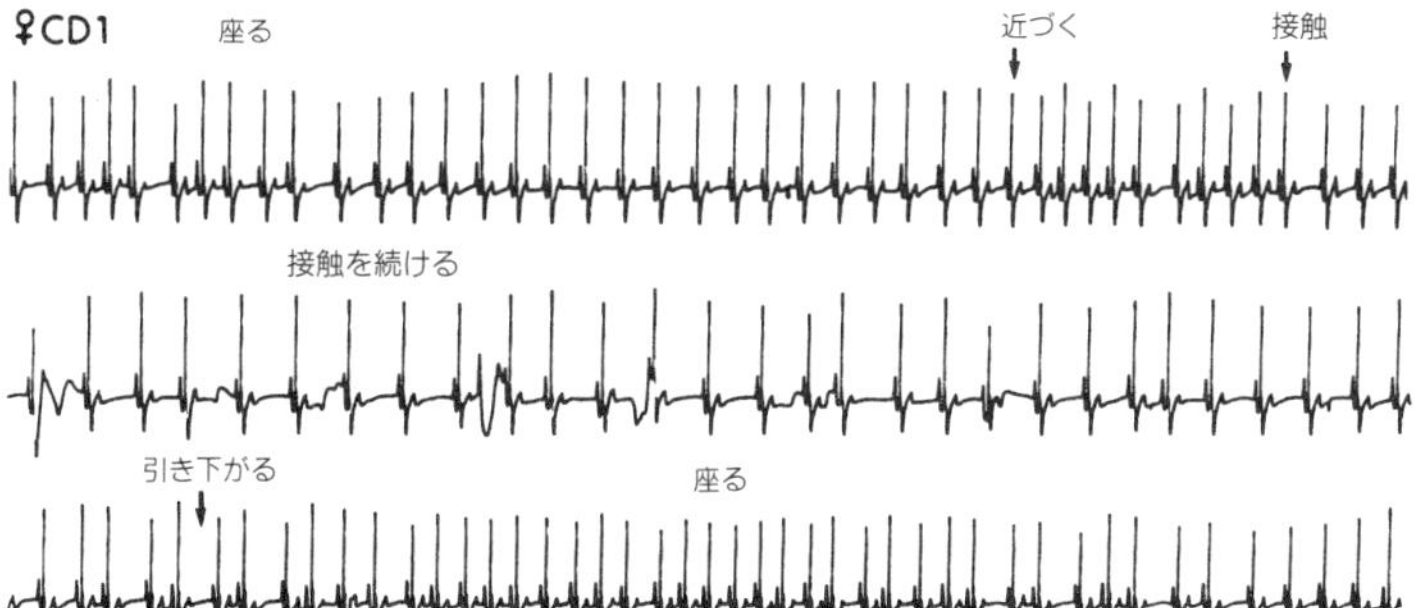

身体的な接触（たとえば、愛撫したり、撫でたり、グルーミングしたりするなど）は、多くの動物の心拍に深い影響を与える。ここに示した心拍のグラフはイヌのものである。心拍の割合がゆっくりしているのは、さわった効果がイヌの神経系全体にあらわれたことを暗示している。資料提供 HSUS

定な子イヌは、ふつう兄弟の子どもよりも休息時の心拍が「ゆったり」している。逆に、もっとも外向的な子イヌは、ふつう心拍が速い。

生後四週から五週といった早い時期に子イヌを母親から引き離すと、人間に甘えすぎるイヌになり、あらたにやっかいな問題を引き起こすことがある。たとえば、ほかのイヌに攻撃的になったり、ものおじするようになったりして、うまく育てることさえできなくなってしまう。

環境の豊かさ

繁殖用の犬舎のなかには、子イヌに人間とふれあう機会を多くしようとしているところもある。これはなかなかうまいやり方である。気質が安定していて、人間とふれあう機会を十分に与えられ、生後一二〜一六週に引きとられた子イヌならば、新しい飼い主にもそれほど問題なく慣れる。しかし、犬舎からあまり外に出ることもなく刺激の多い環境を体験していないイヌ、とくに七〜一〇週の子イヌには、困った問題が生じてしまう。「内弁慶」である。人間に十分に社会化してはいるが、わたしが「環境の豊かさ」と呼んでいるものを欠いたイヌを数多く目にしてきた。

生後五〜一〇週のあいだに、人間社会への適応に適した時期がある。また、生後七〜一〇週には、未知の環境や新しい刺激にうまく対処することを学ぶのに重要な時期もある。とくに、七〜一〇週齢のあいだ、檻や犬舎、あるいは家のなかに閉じ込められた子イヌは、未知の環境や状況に対して恐怖心を示すことがよくある。

とくに外向的で、安定した気質のイヌであれば、三カ月、四カ月と長いあいだにわたって閉じ

適切な社会化とは、うまく順応し、人間に興味を示すイヌと、恐怖でちぢみあがり、人間と楽しく暮らせないイヌとのちがいを意味している。生まれたときから、さまざまな人間に接し、ふれあうと、いつも生活を楽しむイヌになるだろう。

込められたりしなければ、ふつうこの初期の経験の乏しさをすぐに取り戻すことができる。しかし、生まれつき用心深い、あるいは怖がりなイヌならば、矯正の見込みはかなり少ないし、不可能といってもよいかもしれない。ただし、この問題は予防できる。わたしは、幼いイヌを飼っている人にこうアドバイスすることにしている。ワクチンを接種するとすぐに、子イヌをさまざまな場所、たとえば車のなかや草原など、どこに行くにもいっしょに連れて歩き、そしてなるべく多くの人と子イヌに接触させてあげなさい、と。子イヌのこうした経験は、五〜一〇週齢のあいだに自然に拡げてやるべきである。でないと、潜在能力が十分に引き出せなくなることがある。新しいものを怖がる子イヌを、未知の状況で扱うのはむずかしいし、学習意欲の乏しいイヌになってしまう。その子イヌのＩＱ（知能指数）も影響を受けるだろう。こうした子イヌは、探検したり、新しいものを調べたり、手順を学習したりすることをあまりに怖がるからである。

発育初期の扱い方

「発育初期の扱い方」からは期待できる成果があり、これは生まれてからすぐに取りかかることができる。くりかえし回転させてやり、さかさまにしてやったり、撫でたりしてやろう。毎日、ほんの数分間でよい。子イヌを冷たい床（リノリウムだと申し分ない）に一〜二分間置くのもよい。刺激を与え、軽いストレスを引き起こすのである。生まれてから、四週齢までのあいだのこうした初期の扱いによって、わずかなストレスを加えることで、このあと生理的なストレスに強いイヌになる。

イヌの適切な社会化には、正しく手で触れてやることが欠かせない。子イヌは、人間に手で触わられるのを心地よく感じるようになるはずだ。子イヌには、生まれたときから触れてやろう。そしていつも手で触れて、いたわり安心させてあげたい。

してはならないこと

この章では、イヌの発達段階において、早いうちに「すべきこと」を紹介してきた。ここではこれとは逆に、「してはならないこと」について述べようと思う。

極端な恐怖心や服従心をうえつけないためには、この時期、子イヌを過度にコントロールしないことが大切である。訓練は軽くおこなうべきである。とくに、八〜一〇週齢の子イヌには、訓練に類するトレーニングはしないことだ。なぜかというと、子イヌの一生のなかで、この時期がもっとも精神的に敏感だからである。なかでも第八週齢というのは、とくに敏感な時期である。この時期に肉体的あるいは精神的な傷《トラウマ》を被ると、回避反応がもっとも生じやすいからである。この時期の目標は、子イヌに自信と抑制心（自制心）を身につけさせることである。子イヌの場合、遊んだり、探検したり、学習するなかで、抑制心が発達し、まわりの環境を掌握できるようになる。いつも檻のなかに閉じ込められていると、たとえ動物に必要なものをそなえたとしても、社会的なやりとりをする機会は少ない。子イヌは、すべてを管理された環境で暮らしている。こうした環境では、自信など育つはずがない。

イヌが新しい体験に恐怖を覚えると、学ぼうとはしなくなる。恐怖は学習の妨げとなるし、動物の潜在能力を大きく制限するものである。八週齢というのは、子イヌが刺激に対してもっとも敏感になる時期である。この時期に受けた精神的な傷は、一生残ることさえあるので、とくにこの期間の断耳が賢明でないのはいうまでもない（断耳は廃止するのが理想的である）。また、この時期に長距離の輸送は避けたほうがよい。

イヌの社会化に関する問題には、このほかにも検討する必要のあるものがいくつかある。女性に育てられた子イヌは、男性を怖がることがある。仲間とふれあうこともなく、またその機会もなかった子イヌは、ほかのイヌに恐怖心を抱いたり、攻撃的になったりすることがある。この社会化期に人間の子どもとふれあうことのなかったイヌを、こののち子どものそばで扱おうとしてもむずかしいだろう。

イヌの社会化期は、おおざっぱにいって、生後およそ一〜三カ月のあいだと定義できるが、この期間の基本的な課題は、できるだけいろんな人に接し、積極的に体験をさせることである。だが、とくに二カ月目は、怖がるような経験やストレスを与えるような体験は避けるように気をつけなければならない。

用心深いイヌ

用心深さの問題にうまく対処する方法を試す前に、用心深さにもさまざまな種類があるということをぜひ心に留めておいていただきたい。まずはじめに、用心深さと無関心とを区別しておかねばならない。ひじょうに友好的で注意深く、敏感な子イヌが成長するにつれてよそよそしく独立心の強いイヌになることがよくある。これは、ごく当たり前なことであり、わたしたち人間と同じように、イヌも成長するにつれて個性を身につけるということを示している。

しかし、なかには、成長するにつれて、見知らぬ人、または動物に恐怖心を募らせ、近づいてくると身を隠すイヌもいる。ただし、飼い主にはけっしてこのようなことはしない。この種の用心深さは、一日のほとんどを家のなかで過ごし、動物や人間とふれあう機会がほとんどないイヌによくみられることだ。

このような場合、無理に親しくさせようとしないほうがよい。ますます恐怖心を募らせ、事態を悪化させるだけである。あくまで自然に。それがわたしのアドバイスである。ただし、もしもあなたの配偶者や友人、もしくはネコやイヌが新たに家族の仲間入りするのであれば、用心深いイヌが恐怖心を克服できるよう段階をへるようにしなければならない。人間の手や足首、動物の頭や背中に「同じ」香水やアフターシェーブ＝ローションをつけるのも役立つことがある。用心深いイヌにとって、恐怖心の引きがねとなるのは、見知らぬ人のにおいだからである。これは、新しい家族の一員と生活を始めて一〇～一四日たっても馴れる兆しがみられないようなら、試してみる価値がある。七～一〇日間にわたって、毎日ほんの少し体につけるだけでよい。

イヌの用心深い気質は、遺伝的にも引き継がれる。したがって、ものおじする母イヌから生まれた子イヌは交配させず、子どもを生ませない処置をとる。これがもっともよい予防策の一つである。

なかには、生まれつき用心深いイヌがいる。多少なりとも外向的に、そして自信をつけさせるには、頻繁にいっしょに遊ぶとよい。使い古した靴下やタオルで綱ひきでもすると、ほとんどの子イヌはよく反応し、積極的（外向的）になるだろう。用心深いイヌにしないためには、子イヌのうちに、定期的にグルーミング（または、わたしが『癒しのタッチ』（*The Healing Touch*）

もし、望ましい行動パターンが遺伝しなかったり、あるいは子イヌの時期に社会化を怠ったのでなければ、イヌの内気な気質を心配することはない。よそよそしさや防衛的な性質は、この我慢強いチェサピーク・ベイ・レトリーバーに特有のものだが、こうした性質を内気な、あるいは不安定な行動のしるしとしてとらえるべきではない。

［未訳］』のなかで書いたように、マッサージでもよい）をすると、どんな子イヌでものちの生活で臆病になるのを防ぐのに役立つだろう。このような接触が愛情や信頼の絆を築くからである。

この章では、社会化や環境の豊かさ、発育初期の扱い方について紹介してきた。この三点は、スーパーペットを育てるうえで欠かすことができない基本原理のようなものである。断っておくが、生まれつきもっている性質を改善できるという意味ではない。すばらしい属性を引き出すことで、マイナス面を補い、順応力のある賢い動物に育てようということである。幼いネズミや子ネコ、子イヌに対して、社会化、豊かな環境、発育初期の扱い方、そのすべてにわたって適切に対処するとどうなるか。研究によると、次のようなことがわかっている。まず、身体的なストレスや精神的なストレスに対する抵抗力が増し、白血病やガンを誘発するような数々の病気への抵抗力が増した。また、感情が安定してきたため、学習能力も高くなり、そしてより外向的になった。これは、おそらく好奇心や冒険心が旺盛になり、学習意欲も高まったと考えられる。

家畜化の影響

ペットとその野生種との脳の大きさを比較してみよう。するとペットの脳のほうが小さいことがわかる。何代にもわたる家畜化がおこなわれ、比較的刺激の少ない環境、たとえば檻のなかや家、狭い庭でペットを飼育しつづけた結果、脳は小さくなり、知能も低下しているのである。

一〇〇年以上も前、チャールズ・ダーウィンは、家畜のウサギの脳が、野生のウサギの脳よりもはるかに小さいことに気がついた。これは、ウサギの正常な本能や行動パターンを発達させる

刺激にあふれた環境をイヌに用意するというのは、いきいきとした個性に自然の刺激を与えるということである。わたしたちは、家畜化をくり返すことで反応の遅い無関心なイヌを創り出してしまったが、そんなイヌは楽しいというより退屈である。写真提供 HSUS/Bonnie Smith

機会を奪ったからではないか、と彼は解釈した。

　科学者が最近あきらかにしたことによると、研究室のラットの脳と学習意欲は、新しい玩具のある「豊かな環境」のもとでうまく育てられた同腹のラットより小さく、また乏しくなるという。同じ体格のオオカミとイヌで、平均的な脳の大きさをくらべてみると、オオカミのほうが一六パーセントほど大きい。ここでも、家畜化はその動物の脳の発達に著しい影響を与えることもわかっている。

　ラットやマウス、イヌ、檻のなかで育てられたサルに、成長にしたがって豊かな、また多彩な環境を用意してやると、問題をうまく解決できるようになる。つまり、成長にしたがって賢くなるのである。同じ条件のもとでネズミを育てても、野生種と家畜種とでは、行動や知能にはっきりとしたちがいがみられる。野生のネズミは、たとえ箱のなかで飼っても、複雑な行動をする。また、何世代にもわたって選択育種し、従順になったラットよりも物覚えがよい。

　こうした研究は、何をあきらかにしているのだろう。互いに関係しあった二つのプロセスが、家畜化されたコンパニオン＝アニマルの脳の大きさと知能の衰退に関与しているということである。

　まず第一に、家畜は比較的保護された環境で暮らしているので、知能と注意深さに有利にはたらく自然淘汰圧が緩和されている。飼い馴らされたペットには、生き残るための知能は必要ではない。しかし、野生では、知能が低く、物覚えが悪く、注意深くない生き物は、生き残ることができない。まして、このような性質は子孫に伝わりにくい。というのも、性的に成熟するまえに死んでしまうからである。

飼育環境をさらに保護するうちに、生存を高める行動に対する自然選択は減少するはめになり、忠実さやおとなしさ、従順さに大きなウエイトがおかれるようになった。注意深さや活発さ、好奇心（とくに新しい刺激によって注意が喚起されること）の一般的な水準も衰えてきた。自分たちの身のまわりで起こっていることに気がつかなかったり、関心がなかったりする「かわいい」だけのイヌもいる。

飼育している動物を故意に知能の低い動物にしようとしてきたのではなかろうが、より従順でのんびりした動物を選択しているうちに、注意深さや好奇心が衰えてきたので、動物は訓練されているとき以外はほとんど学習しなくなった。

ネオフィリアとネオフォビア、つまり新しい刺激と未知の出来事に関する好奇心と恐怖心は、野生の動物の特性である。これらは、刺激に対する個々の動物の感受性と注意深さに関係がある。異常に活発で好奇心の強いイヌを欲しがる人はいないだろう。そういうイヌは、身のまわりの目新しいものは何でも探検し、未知で怖いものからはすぐに逃げるにちがいない。

それらの「野性的な」性質をかけあわせて弱めていくと、人に馴れたペットは扱いも楽になる。しかし強い好奇心を誇るその野生種のようには周囲の環境を探索しようとしないため、ほとんど知識を身につけることができないだろう。人になつくような、家畜として望ましい性質に選択育種した結果、そのイヌのＩＱは低下することになるだろう。

多くのペットはＩＱが低い第二の理由は、比較的穏やかで変化がなく、刺激の少ない環境のもとで育てることにある。檻のなかや、小さな部屋、郊外の庭での生活では、ひじょうに限られた生活しかできないため、ペットの潜在能力もけっして十分に発達することがない。

さまざまな程度の経験と環境の豊かさの欠如に加えて、感情面での影響も邪魔になる。そうなると、なおさら、動物が新しいことを学んだりすることを制限するし、ひいてはＩＱの発達も制限することになる。この感情や動機に対する影響も、ＩＱテストや「教育の豊かさ」の障害になる。ものおじする動物は、テストの課題をうまくなし遂げられないだろう。基本的に用心深かったり、あまりにも融通がきかなかったり、空腹もしくは好奇心（テストの性質にもよる）で十分に刺激されない動物にも同じことがいえる。

ＩＱを高めるために、さらに機敏で、外向的な性格になるように注意深くイヌを育てることのほかにも、わたしたちはより自然な環境をイヌに与えることができる。これは、イヌの潜在能力を引き出し、イヌの生活（幸せな生活をする）をより豊かに満ち足りたものにするのに役立つだろう。

ようするに、子イヌを育てることは、わたしたちの子どもを育てることとたいして変わらない。しかし、愛情を注ぐだけでは十分ではない。あなたのペットがたどる発育段階を知り、その成長中、特別な世話と配慮が必要とされる重要な時期を正確に知ることが、コンパニオン＝アニマルのもっともすぐれた性質を引き出す大きな鍵になるのである。

（1） ここでいう「権利」とは、ある決まった場所で寝る権利、一人になる権利（いわゆるプライバシー）、静かに食事をする権利を含む。飼い主や、飼い主の子どもは、こうした権利に無関心であることが多い。

［1］ 社交的な場で交わされる意味のない、ただ友好を確認するためだけのおしゃべり。

9 イヌに無理のない暮らしを

毎朝、わたしは都会へ車で仕事に向かう。運転しながら、もはや自然と呼べるものがどれだけ残っているのか考え込んでしまうことが少なくない。小さな公園のハトやムクドリ、スズメ、あるいはほこりで汚れた木々をみていると、その公園がまるで多量のコンクリートで囲まれた自然の離れ小島のような気がしてくる。この公園はとても自然とはいえない。鳥の多くは、かつてヨーロッパからもち込まれた外来種だし、樹木のなかにも、本来この土地にはなかったものもある。しかし、大都会で心を落ちつかせてくれる場所といえば、いまではこうした公園しか残っていない。わたしたち自身のなかの動物的な部分が心からやすらぎを味わうためには、たとえみせかけの自然でも必要としているのかもしれない。ペットにも同じことがいえる。ペットにも本能や基本的な欲求があるので、そのはけ口がなければ欲求不満になってしまう。つまり、精神的、あるいは身体的な福祉は、身のまわりの環境がどの程度基本的な欲求を満たすことができるかということと深く結びついているのである。

たとえば、動物園や研究室の狭いケージといった制限された環境のもとで動物を育てると、どうなるだろうか。野生動物での例を紹介してみよう。研究によると、探索という基本的な欲求やそれにともなう学習意欲が抑制されたり、阻害されたりすることになる。刺激のない環境で育てると、脳の発達にも悪影響を与えてしまう。欲求のはけ口や興味の対象が奪われたりすると、肥満や不妊症になり、本来の活発さがない無表情な動物になることもある。また、欲求不満のために、異常に活発になり檻のなかをたえず行き来したり、檻のなかの環境やふだんの生活のわずかな変化にも過剰に反応してしまうこともある。では、ほかの動物といっしょに檻のなかで飼うとどうなるだろうか。はっきりとした異常を引き起こしてしまう。とくに混雑によるストレスの要素が加わるとこれはあきらかである。精神分裂症のような症状が現れることがあるし、過度に攻撃的になることもある。不妊症になったり、病気に対する抵抗力が弱まることもある。こうした異常は、動物同士がいつも顔を合わせる状況にあって、相手から離れて一匹になる機会がないときに現れることがわかっている。これとは逆に、ずっと単独で飼われているとどうなるだろう。社会性や感情面での欠落の徴候を示すようになり、頻繁に身づくろいしたり、異常な食欲を示したり、同じ場所を行ったり来たりする型にはまった行動をすることもある。また、社会的な刺激や性的な刺激が足りないために、不妊になることもある。あるいは、ケージのなかの食べ物や水を入れた容器を交尾相手にみたてたり、獲物の代わりとして追いかけたり、つかまえたりすることさえある。さらに、四肢や尾を使って気を紛らわそうとすることも少なくない。たとえば、自分の尾を追いかけまわしたり、なぐさみにあやしたりするのである。これは、自分で自分の尾を傷つける原因となる。ところで、長いあいだ檻のなかで単独で暮らしていた動物に、コンパニオン＝アニマルを引きあわせてやるとどうなるだろう。相手を無視するか、さもなければ激しく攻撃して、ときには殺してしまうことさえある。これとは逆に、檻のなかで二匹で飼われていた動物がコンパニオンを失ったとしたらどうなるだろうか。この場合には、愛着が強すぎて食べものを受けつけなくなったりすることがあるし、身づくろいしすぎるあまり、自分の体を傷つけることもある。さらにひどいと、鬱状態になって死ぬこともある。ここで、サルの母子をいっしょに檻のなかで飼うとどうなるか紹介しよう。檻のなかで母ザルが刺激を受けるのは、自分の子どもしかいない。そのため、あまりにていねいに子ザルを身づくろいしたり、いつも子ザルに触れようとしたりする。こうなると、子ザルは乳を飲む機会がなくなり、死ぬことがある。たとえ死に至らなくとも、なつきすぎるあまり子ザルの自立を妨げることになる。

ここまで、動物園や実験室の檻のなかで育てられた野生動物の異常行動を紹介してきた。こうした例は、わたしたちがペットを育てるさいにはほとんど関係ないと思う人もいるだろう。だがわたしは、家庭のペットたちが不自然な環境のなかで暮らすため、こうむっているのと似たような、そしてときにはまったく同じ問題であると考えている。たとえば、部屋のなかだけで育てられたイヌやネコ、また屋外といえども檻のなかだけで飼われたイヌ、あるいはカゴのなかで育てられた小鳥やハムスターにもあてはまる。わたしはこれから、刺激のない不自然な環境のもとでイヌを育てるとどのような問題が起きるのかを、くわしく解説していきたいと思う。同時に、イヌの世界をもっと自然なものにしてイヌの基本的な欲求を満たすためにはどうしたらよいのか考えてみたい。

飼育下での野生動物にみられる症状の多くは、ペットの場合、あまりはっきりとは現れなかっ

身体的に健康なイヌには行動にも容貌にも問題がない。こうしたイヌは、活発な環境に刺激されているのである。このがっちりしたノルウェジアン・エルクハウンドは、イヌを飼っている人にとってはまさに理想の姿といえるだろう。

たり、幸いにもまったくみられないものもある。これは家畜化の影響と無関係ではない。つまり、(何世代にもわたって選択育種をくりかえしながら)家畜化することで、イヌはその野生種よりもおとなしくて従順で、扱いやすくなってきたからである。少なくともある程度いえるのは、あるレベルまでイヌは刺激が少なくてもうまくやっていけるということである。したがって、檻に入れられた野生動物にくらべると異常に活動的になることも少ないし、すぐに退屈したり欲求不満になることもあまりない。その反面、いままで経験したことのない刺激に対しては、野生動物とちがって過剰に反応することはあまりない。たとえば、家具の配置が変わったり、庭に新たに木が植えられても気がつかないイヌがいる。飼育下のオオカミやコヨーテならば、すぐに気がつくはずである。

このように、人間が家畜化してきた動物は、ペットとして適応させてきたためにその野生種にくらべておとなしいといえる。その一方で、いまなおペットは刺激を奪われて苦しんでいるかもしれない。だから、可能な限り自然な暮らしを保証する努力を惜しんではならないのである。

肥満について

おそらく、三〇~五〇%のイヌが肥満なのではないだろうか。肥満は、循環器系統の異常や不整脈、糖尿病、不妊症(去勢されていない場合)、関節炎、ことによると老化に拍車をかけるといった合併症を引き起こしかねない。肥満を予防するには、ペットが無理のない生活を送れるような心掛けが大切である。まず、食事については、もっと自然な食べものにし、「計画性」を心掛けていただきたい。たとえば、量や回数にも気を配ってほしいし、人の食べ残しやカロリーの高い食事は控えたほうがよい。つまり、科学的にみてバランスのとれた献立てを考える必要がある。また、ボールや棒切れを追いまわしたり探してきたりといった遊びを通して、定期的にイヌの体を動かしてやることも忘れてはならない。

イヌとジョギングを楽しもう

いうまでもないことであるが、イヌにとっても体を動かすことは大切なことである。なかでもジョギングは、楽しみながら運動できるという利点がある。まず、獣医に行ってイヌの体を調べてもらおう。年老いたイヌや心臓に疾患のあるイヌや、脚の不自由なイヌには激しい運動を控えたほうがよい。ここで、イヌとジョギングを楽しむためのアドバイスをしよう。

●気温が上昇し湿度も高い日には、無理は禁物である。イヌが日射病になることがある。こんな日には、ゆっくりと歩こう。二キロほどで十分である。

●ジョギングにこだわるよりも、まずにおいをかいだり、マーキングしたりといったイヌのことを優先させよう。でないと、ジョギングの途中で頻繁に立ち止まるはめになり、結果としてあなたのジョギングの妨げになる。

●イヌには革ひもをつけるのをお忘れなく。そして、あなたのすぐそばを走るように練習させよう（背後ではいけない。また、革ひもをはずしていると、もしもイヌが立ち止まったら見失ってしまうからである）。ジョギングの途中で頻繁に立ち止まってマーキングするようであれば、厳しく「ダメ」といって革ひもをひっぱることだ。すぐに馴れるはずである。しかし、イヌに注意するうえで大切なのは、まず立ち止まることである。走りつづけて、イヌを引きずっていくのは感心しない。イヌの首を傷つけることになるからである。

●我慢が必要なときもある。イヌがにおいをかぐために走るのをやめたら、まず止まること。イヌにおかまいなしに走りつづけると、革ひもやイヌにつまずいて転倒するかもしれないし、イヌもあなたも傷つくことだってありうる。

●ジョギング中に何度か立ち止まることになるかもしれないという覚悟はしておいたほうがよいだろう。イヌのしたいことをさせてあげ、それが終わるまで同じ場所で足踏みをしながら、待っていてあげよう。

●革ひもをイヌにつけないでジョギングしている人をときどきみかけるが、わたしはあまり賛成できない。そのイヌがうまくしつけられていて、ほかのイヌや発情した雌イヌを追いかけたりしないなら話は別であるが、そんなイヌはそう多くはないし、ずっとすぐそばにいてくれると期待できるイヌはほとんどいないからである。

●イヌから革ひもを放してジョギングするには条件がある。すでに長い期間、いっしょにジョギングをしてきて、飼い主に十分なついていること。しかし、くれぐれも公道やほかのイヌがいるような場所では革ひもを放さないでいただきたい。

●これからイヌとジョギングを楽しもうとする人は、ゆっくりとしたスピードで短い距離を走ることからはじめよう。とくに砂利道は避けたほうがよい。イヌの肉趾は柔らかいため、傷つきや

イヌとジョギングすると、あなたにも身体的、精神的な両面でよい結果をもたらす。ここで用心することは、ジョギングの計画を立てるまえに、徹底的にイヌの健康診断をしておくということと、ジョギングの最中には、常識的な注意事項をよく守るということである。
写真提供 HSUS/Sumner W. Fowler, Marin Humane Society

すいからである。また、イヌのツメの手入れもお忘れなく。ていねいに手入れをしておかないと、走っている途中でツメが裂けてしまう恐れがある。日に照らされて高温になった舗装道路や、凍結防止剤をまいた歩道は歩かないほうがよい。いずれも、イヌの肉趾にはよくない。

イヌの基本的な衝動と本能

イヌの基本的な要求と本能を理解すれば、イヌの生活を無理のない自然なものにしたいときに、実にさまざまな対応がとれるようになる。さらに、飼い主にとっても潤いのある暮らしができるようになる。欲求不満のイヌをうまく扱うことはむずかしいけれども、ごく自然にふるまうイヌを飼えば、楽しみながらさまざまな経験ができるだろう。

はじめに、イヌの性衝動について考えてみよう。とくに雄イヌを飼っている場合には、性衝動を引き起こす刺激に十分注意する必要がある。ふつうイヌは、去勢されるとわたしたちの生活にうまく順応するようになる。じっさい、去勢という処置は、イヌが無理のない自然な生活を送るためには欠かせない面もある。家畜化するなかで、わたしたちはイヌの性衝動を強化してきたからである。たとえば、野生のネコやオオカミ、その他のイヌ科動物の雄が発情するのは、一年のうちでほんの一、二カ月ほどしかない。一方で、わたしたちが飼っているネコやイヌの場合、いつでも精子をつくることができる。したがって、去勢をほどこすことは、イヌにより「自然な」暮らしをさせることになるわけである。去勢することで、性的な欲求不満になったり雌を探しに外をうろつくことも少なくなる。また、雌をめぐってライバルの雄イヌと争うこともなくなるだ

ペットや子どもが最高度に健康で適応できるようにするには、その家庭のライフスタイルが許す範囲で可能な限り、彼らの生活を自然なものにしておかなければならない。
写真提供 HSUS/Adler

この少年とコンパニオンのコリーは、彼らの楽しい暮らしぶりをそのまま映し出している。幸せなイヌは暮らしに強い興味をもっており、生活がどんな事態になろうと、それに対処するだけの安定した感情をもっている。これには、思いやりをもち、ごく自然に育てること、また刺激に満ちた環境を用意してやることなどがきわめて大きな役割を果たしている。写真提供 HSUS/Kellners Photo Service

ろう。

また、狩りの本能は、深くきざみこまれたまた別の行動であり、欲求不満の原因となることがよくある。イヌは車や自転車、あるいはジョギングしている人、あるいはまた走っている子どもを追いかけることがある。これは、狩りの衝動のはけ口になっているのである。対策として、獲物の代わりになる玩具を使って、それを捕まえて「しとめる」という遊びをするとよい。玩具だったら、わずかな時間と想像力をはたらかせるだけでつくれるし、イヌが欲求不満や無気力にならずにすむ。よくイヌは、「獲物」をくわえて歩いたり、集めたり、家のなかのいろんな場所に隠したりして遊ぶ。しかし、想像妊娠している雌イヌを飼っている場合には注意していただきたい。つまり、獲物の代用になっている玩具が、自分の子どもの代わりということになってしまうことがあるからである。そうなると、玩具をかたくなに守ろうとしたり、大切に育てようとしたりすることもある。

ただ必要な食べものと水を与えられるだけで、刺激の少ない環境のもとで育てられたため、肥満になったイヌほど哀しいものはない。もしも、鉢植えの植物を育てるようにイヌを育てると、まるで植物のような反応の鈍いイヌになってしまうことがよくある。基本的な欲求を満たしてやり、イヌが無理のない暮らしができるように心掛けるのは、わたしたちの義務でもある。ところで、「純血犬症候群」という言葉がある。獣医が使っており、純血のイヌによくみられるらしい。何の反応も示さない物体のようにいつも寝ころがっているというのがこの症状だという。このようなイヌになったのは、わたしたちが家畜化するなかでただひたすらおとなしくて従順な、いわば人間の装飾品になるように育て繁殖させてきたことに原因があるのではなかろうか。こうしたイヌをみていると、なかにはその飼い主だけでなく、飼い主の子どもの姿までも映し出しているようなものもいる。なんとも皮肉なことである。

わたしがペットについて指導をした家族に、イヌの育て方を尋ねてみた結果、大きく二つのカテゴリーに分類できることに気がついた。管理型と自由放任型である。前者の場合は、イヌや自分の子どもの自然な行動を徹底的に管理し規制しようとする。後者は、どんなことをしても大目にみて甘やかしてしまう。どちらの育て方も、イヌや子どもにはよくない。手に負えない勝手なふるまいをするようになってもおかしくないからである。これとは別に、長いあいだイヌや自分の子どもを放ったらかしにしておきながら、急に思いついたように世話をやいたり、甘やかしたりして過剰な刺激を与えるという親や飼い主もいる。この育て方は最近よく目にするようになってきた。しかし、あまりに矛盾した育て方なので、イヌは混乱して精神的に不安定になったり、異常に活発な行動をするようになる。また、こうした不自然な世話は、飼い主の子どもにも同じような影響を与えてしまうことがある。健全で適応力に富んだイヌは、できる限り無理のない生活をさせようとする飼い主によって育まれるのである。子どもを育てるときにも同じことがいえるだろう。このような心構えの飼い主や親は、愛情と一貫性をもって接しながら、イヌや子どもの要求を理解しようと務め、けっして一貫性のない態度はとらない。イヌの要求を満たしてやり、なるべく無理のない自然な生活をさせるよう心掛けるというのは、ちょうど子どもを育てるのとよく似ているが、それはけっして勝手気ままにふるまわせるということではないし、それによって家族がふりまわされるという意味でもない。イヌの要求や権利も、家族や地域社会のほかのものの要求や権利とうまく折りあいをつけていかなければならない。このように、責任をもって子どもを育てるということと、責任をもってイヌを育てるということは、まったく同じ意味であるということがおわかりいただけるだろう。イヌの行動からイヌを守らなければならないこともある。生まれもった生得的な行動によってトラブルに巻き込まれることがあるからである。たとえば、好奇心の強いイヌは、延長コードに噛みついて感電死してしまうことがあるので、注意を怠ってはならない。

イヌは自然な暮らしをすることで、自然本来の姿になる、ということをいつも心に留めておいていただきたい。結果として、イヌは感覚が鋭くて興味深いコンパニオンになるだろう。自然な生活をすることで、イヌの基本的な要求を満たすことにもなるし、欲求不満をとり除くことにもなる。そうすることでイヌの潜在能力は発達し、ＩＱも向上する。環境のなかの刺激が多くなれば、それだけ探究心が強くなり、学習能力のすぐれたイヌになるからである。

屋外で飼うには

イヌを飼うならば屋外で飼い、けっして家のなかのペットにはしたくないという人がいる。それには、いろいろな理由があるのだろう。数ある動物虐待のケースのなかで、よく目につくのが、イヌを鎖につないだまま屋外で飼うことである。たしかに、屋外でイヌを飼うことは大切なことである。しかし、それなりの設備を用意し、思いやりをもって飼うことを忘れてはならない。

いつも屋外で暮らしているイヌには、刺激に満ちた環境だけでなく、健康にもよい環境を整えることができる。それには、ちょっとした計画が必要となるが、努力が十分にむくわれるような効果が得られるだろう。
写真提供 HSUS/jackson

自由に動くことのできる土地は広いほどよい。犬舎の床は、コンクリートか角のとれた砂利にすべきだ（角の尖った砂利だとイヌの足を傷つけることがある）。後者の場合は、大きな石片の上にそれより小さい石片を一五センチぐらい十分に敷きつめ、さらにその上に小さな豆粒大の砂利を八センチぐらい敷く。これは虫の繁殖を防ぐためで、土の上にじかに犬舎を建てると清潔を保つのは容易ではない。また、排泄物は毎日、掃除しなければならない。

まず、イヌにはかならず犬舎を用意しよう。とくに寒冷地では、寒さに対する配慮が重要である。そのためには、厚さが二・五センチほどの合板二枚のあいだに断熱材をはさみ、犬舎の床や側壁、天井に用いて、頑丈なつくりにする。また、イヌは犬舎の屋根で横になるのが好きだから、起伏のない平らな天井のほうがよいかもしれない。一枚の合板か防水シートを犬舎の上方にくるように固定し、囲いの上端につなぎとめて、日除けあるいはかくれ場所をつくるのもよい考えである。理想をいえば、入口は、すきま風を最小限にとどめるためにイヌがちょうど通れる大きさにしたい。さらに欲をいえば、南向きがよいと思う。犬舎をつくるときには、あらかじめ一〇センチ弱の高さのブロックを地面に置いて、その上に建てたほうがよい。そうすると、犬舎が地面の水分で腐ることもないし、断熱効果も期待できる。犬舎のなかに古布や藁を敷くと、快適さはさらに増すはずである。

食べもの用と飲み水用の食器はひっくり返らないように、囲いの内部に固定しておくほうがよいだろう。そのさい、高さを調節してイヌがうまく飲食できるようにする。

暑さがつづくようなときには、水を絶やさないようにすることが大切である。これとは逆に、冬、容器の水がすぐに凍ってしまうようなときには、一日に三〜四回は水を入れかえる必要がある（冬季には金属の容器を使わないほうがよい。イヌの舌が金属に凍りついてしまい、引き離そうとすると裂傷を負うことがあるからである）。

健康なイヌであれば、晩秋のころまでにはふさふさした冬毛に生え換わっているはずである。しかし、年老いたイヌは毛の状態があまりよいとはいえないので、寒さがつづくような日には、なるべく室内に入れよう。あるいは、防寒用のコートを用意するか、犬舎の床にホットカーペットのようなものを敷いてみるのもよい。

柵で囲った狭い土地のなかにイヌを入れてそこから一歩も野外に出る機会を与えないというのは、残酷な飼い方だとわたしは思う。とくに一日中、外で一匹で過ごしていたときなど、しばらくのあいだでよいから家族といっしょに過ごす時間をつくったらどうだろうか。イヌは高度な社会生活を営み、群れたがる性質をもった動物である。だから、囲まれた狭い土地のなかで昼も夜も一匹で飼うことは残酷なことだと述べたのである。イヌは二匹で飼い、そのうえ二匹がいっしょに休めるような犬舎を用意するというのが理想的である。屋外で飼われているイヌは、飼い主の家族が恋しくなり、退屈することがよくある。そしてひっきりなしに吠えるようになることがある。イヌの世話をしないということは、付近の住民にとっても迷惑このうえない。静かに暮らす権利を侵されるからである。

イヌのそばにペットを

こんにち、もっともよくみられるイヌの問題で、しかも往々にして気づかないのは、動きが鈍く何事にも関心を示さない、一般には無気力だったり、あるいは単に太りすぎというケースである。だが、飼い主は気づかないことが多い。しっかりと訓練されたイヌが突然、排便のしつけを守らなくなる事例もあるが、これと結びつけて考えるのはむずかしいようである。また、あまりに吠えたり、家のなかで暴れたりするため、無理やり犬舎に閉じ込められ弱っていくイヌもいるが、これも同様である。

最初に紹介したケースでは、仲間づきあいの不足がおもな原因となっている。仲間づきあいとは、単にイヌと人間との関係だけを指しているのではなく、多くのイヌが必要としている同種のイヌとのつきあいも意味している。たしかに、飼い主とのつきあいだけでうまく暮らしているイヌもなかにはいる。しかし、その多くは人間とのつきあいだけだと、飼い主に甘えるようになり、やっかいな問題を引き起こすことにもなる。

わたしのところに相談に訪れた飼い主のほとんどは、イヌにできるだけのことをしてやりたいと考えているようである。飼い主がイヌに対してできる最善のこととは、飼い慣らされ、閉じこめられた室内での生活を、なるべく自然に近い暮らしにするということではなかろうか。だからといって、数日ごとにイヌにウサギを与えて、家のまわりを走らせて狩りをさせろなどといっているわけではない。イヌの基本的な要求を理解して、それを満たすように心掛けるということで

家庭に二匹以上の動物がいると、すべてのものにとって効果的な刺激を与える。ネコにかこまれて成長することは、うまく順応した幸せな子イヌの環境にプラスになる。

いっしょに成長した二匹の子イヌは、お互いに親密な仲間づきあいをし、一匹だけで育てられた子イヌが経験する以上の運動ややりとりを体験する。若いペットを二匹で飼うと、排便のしつけや発育初期におこなう訓練がやっかいになる。しかし、一時的に不便であっても、もたらされる結果によって、納得のゆくものだと思っている人がすくなくない。写真提供 Rudolph W. Tauskey

ある。また、「基本的な要求」とは、屋外に出て動きまわりたいとか、自由に交尾をしたいとか、生きた動物を追いかけて捕らえたいとかいった要求のことではない。どのようなイヌでも、少なくとも幼いうちは、飼い主や仲間とのふれあいを満喫する。残念ながらわたしたち人間は、イヌとほんとうに「話す」ことはできず、意思や行動を完全には理解することができない。そこでイヌにとっては、仲間とのふれあいが意味をもってくるわけである。つまり、真の関係を築き仲間に自分のことを理解してもらうのである。イヌは仲間とふれあいながら「イヌらしさ」を育み、自分現実のものとし、身体で表現している。また、そうすることを楽しんでいるようでもある。自分らしくふるまう自由が、わたしたちにとってもイヌにとっても、まちがいなく肉体的かつ精神的に健全であるために役立っている。

長いあいだ仲間のイヌと接触できないでいると、こんどは飼い主に基本的な要求を満たしてくれることを期待するようになる。しかし、イヌのようにふるまったり、考えたりできる人は少ない。そのうえ、どのような基本的な要求を満たしてやればよいのか、あるいはどんな方法で満たしてやればよいのかわからない人がほとんどではなかろうか。それから深刻な問題が起こってくる。そこで、このイヌは欲求不満になったり、情緒が不安定になったり、そのうち神経質になり、怒りっぽくなることもある。また、成長するにつれて、ほかのイヌを避けたり、怖がったり、攻撃的になったりすることもある。イヌが飼い主に依存しすぎるようになると、こうした矛盾した行動が現れるわけである。その結果、ほかのイヌと関係を築くこともできず、また関係を築こうとする意欲も失ってしまう。仲間のイヌと楽しみながら暮らすことができなくなってしまうのである。このイヌをなんとか正常にしようと、新たにネコやイヌを飼いはじめても、成長したイヌだととくに手遅れになるケースが少なくない。ようするに、長いあいだ仲間とふれあう機会もないまま育てると、成長するにつれてイヌの「人間化」に拍車をかけることになる。そして、イヌが初めて逢う相手に対して嫉妬深くなったり、攻撃的になったりする原因となる。

わたしの獣医としての経験からすると、健康的なイヌがそのようにみえるのは、飼い主がイヌの世話についての知識をもっているからではなくて、ほかのイヌといっしょに暮らしていることにある。子イヌは遊びに熱中するけれども、もしもいっしょに遊ぶイヌやネコがいないと、次第に活気を失い、遊びにもすぐに飽きるようになる。まったく遊ぼうとしなくなることもあるが、飼い主が遊び相手にならないとさらにこの危険性が増してしまう。二匹のイヌを育てると、成犬になっても遊びつづけるにちがいない。一匹だけで育てられ、ほかのイヌとふれあう、あるいは本来そなえた性質を引き出す機会が十分に与えられなかったイヌよりも、二匹で遊びに夢中になるイヌのほうがバイタリティーにあふれており、イヌらしいとわたしは思う。二匹で暮らしているイヌならば、イヌらしいイヌを飼いたいと考えている人の期待を裏切ることはまずないだろうし、飽きることもないはずである。わたしのもとにペットについて相談に訪れた人や子どもたちは、イヌが仲間とじゃれあっているのを楽しそうに眺めていることがよくある。ときには、その遊びの輪に加わることもある。このように、陽気なペットはくつろいだ雰囲気を醸しだす。精神分析医が、精神的な健康のためにペットを飼うことを勧めている理由の一つがそこにある。

仲間のイヌと暮らすイヌは健康的な生活を送り、長生きするのではないか、とわたしは考えている。規模の大きな動物病院で得られた、わたしの考えが正しいことを証明する研究データをみてみたいものだ。二匹のイヌがお互いにグルーミングすることがよくある。グルーミングされている側のイヌは、この刺激で心拍数が安定する。グルーミングしている側のイヌにも同じことがいえるようである。たとえば、リラックスした状態では心拍数が安定している。つまり心拍数の安定は、イヌの体に生理的な変化が起こったという目安になる。そのうえ、治療に効果がある場合もある。『癒しのタッチ』という本のなかでわたしが書いたように、腕のなかで横になるのがそうである。二匹がいっしょに暮らすほうが、単独で生活するよりも健康的であるというのも十分に考えられることではなかろうか。

二匹をいっしょに飼うと、イヌは敏感な反応をするようになる。したがって、どちらかのイヌが体の調子を崩したとき、飼い主は気がつきやすくなる。病気の気配を早めに察知できれば、それだけ早く獣医の手当てを受けることができる。一瞬の遅れが生死を分けることもありうる。

長期にわたり一匹のまま放っておかれたイヌの行動に、頭をかかえた人は多いはずである。飼い主の家族の人が仕事や学校に出かけ、一日の大半を一匹で過ごさなければならないイヌは過度に吠えるようになったり、場所におかまいなく排便するようになることがある。また、カーテンやカーペット、本などを傷つけたり、手あたりしだいに噛みつくなどして、家のなかを荒らすこともある。こうしたイヌの行動に手を焼く飼い主は、その地域の動物シェルターにイヌを引き渡したり、ひどいときには捨てたりすることさえある。そうするとイヌはそこで殺されてしまうかもしれない。そもそも、こうしたイヌの問題行動は未然に防ぐことができたはずだ。退屈や孤独感、不安を取り除くために、コンパニオンとなる仲間のイヌといっしょに飼うなどして、この問題に対応できたはずである。

わたしたちの長期の休暇もイヌにとってストレスのたまる原因になる。犬舎に閉じ込められたり、近所に預けられたりするからである。わたしの経験によると、そのイヌにコンパニオンとなる仲間のイヌがいれば、飼い主が長いあいだ、家を空けたとしてもうまく暮らしていけるようである。飼い主と離れることで鬱病になる、あるいは拒食症になる、あるいはまた病気に罹りやすくなるといったことは、犬舎に閉じ込められたイヌにはよくみられる症状である。二匹のイヌを飼い、いっしょに預ければ、こうした症状になることはほとんどない。

飼い主が高層アパートで生活するというように、その生活様式や生活環境によって、ペットから十分な運動や仲間とふれあう機会を奪うことがままある。そんなときには、一匹ではなく二匹のイヌを飼うべきだ。しかし、わたしが三匹ではなく、あくまで二匹にこだわるのには理由がある。三匹だと対立意識が芽生え、そのなかの二匹が順位のもっとも低い一匹をいじめることがじっさいにあるからである。

新たにコンパニオンとなるイヌを飼うために、まず基本的なルールを知っておくことが大切である。いまあなたの飼っているイヌは、十分に成長しているが、まだそんなに年老いていないイヌだとしよう。このケースでは、いま飼っているイヌと同性の、しかも成犬のイヌをコンパニオンとして飼うのはよくない。同性のイヌ同士だと喧嘩をしがちである。しかし、異性であっても雌イヌは不妊手術をしておこう。望ましくない妊娠を避けるためである。もし、そのイヌと暮らすうちに、雄イヌに性的な欲求不満の兆候が現れたならば、雄イヌにも去勢手術をしたほうがよいだろう。

いま飼っているイヌと新たに飼うことになるイヌとの顔合わせは、どちらのテリトリーでもない場所でおこなうのが理想的である。たとえば、公園や隣人の庭、車庫などである。そして二匹を家に連れて帰る。こうすれば、いままで飼っていたイヌは、見知らぬものが自分のテリトリーに侵入したという感情をもたずにすむ。しかし、そうでないとしても、飼い主との深い絆を新参者のイヌに奪われたと感じることがあるかもしれない。したがって、これまで飼っていたイヌにはいままで以上の関心を向ける必要がある。でないと、コンパニオンが家族の新たな一員になることで愛情や信頼が生まれるはずだったのが、逆に嫉妬や闘争を招くことになりかねない。もしできることならば、二匹のイヌが喧嘩をしないか試したうえで、仲良くやっていけそうな場合のみ新たに二匹目のイヌを買うとよい。また、二匹目のイヌが健康に問題がないかどうか、あるいは獣医が必要という予防接種を受けているかどうか、買うまえにかならず確認しておく。ふつうイヌ同士が会って仲良くなるのに時間はそうかからない。しかし、ネコになると短くて数日、長くて三〜四週間もかかる。

二匹目のペットとして、成犬ではなく子イヌを飼いたいとあなたは希望するかもしれない。たしかに、肥りぎみで動きの鈍い、ひかえめな成犬が、新たに若いイヌが家族に加わることで驚くほど変わったのを目にしたことがある。新たな生活に関心を示したのである。世話をしたりグルーミングをしたりする、あるいは遊んだり眠ったりする、あるいはまた食べものを奪いあったり、飼い主の関心を引きあったりする仲間を得たため、生活に変化が起こり、暮らしが一段とおもしろくなったのである。こうして成犬とともに生活した子イヌは、一匹でもっぱら飼い主だけと暮らした場合よりも行儀がよいようである。勝手なふるまいをする子イヌを成犬がしつけ、すぐに子イヌは成犬に従うようになるからである。

同じ年齢の子イヌを同時に育てようとする人も多いようである。そこで、基本的なルールを思いだしていただきたい。つまり、異性を選ぶということが大切で、いずれ起こる優劣を決める争いを防げるからである。また、できるだけどちらか一匹、理想的には二匹同時に不妊手術を受けさせることである。

二匹のイヌを飼ったところ、飼い主にあまり関心を示さなくなったというケースがあり、興味を抱いたことがある。これは多くのケースで、ある程度まであてはまる。仲間のイヌにではなく、飼い主に依存してほしいと願う人には、最初のイヌが六カ月齢ほどのときに子イヌを二匹目のペットとして飼うことを勧めている。この年齢になると、最初のイヌは飼い主になつきやすく、したがって飼い主の要求を満たすことができるだろう。

最近、かなり懸念の声があがっていることだが、わたしはペットの数を不必要に増やすことにはとうてい賛成できない。だが、一匹ではなく二匹のペットを飼う利点はじっさい多く、さまざまな利益のほうが不利な点をはるかに上まわっている。イヌの基本的な要求を満たしてやるよう努力することは、飼い主の倫理的な義務でもある。そして、イヌたちに仲間同士の親密なつきあいを保証することは、この倫理的な義務と十分に一致することだと思う。

もしも、仲間との親密なつきあいができるなら、一匹で暮らすよりも長く、健康的で幸せな生活ができるだろう。子イヌにせよ若いイヌにせよ、こうした相手を見つける最適な場所は、おそらくあなたの地域にある動物愛護関連団体（人道協会等）だろう。あなたが飼っている一匹目のイヌを助けるだけでなく、ほかの動物の命をも救い、恵まれた環境を提供することにもなるのである。

10 適切な訓練をおこなうために

イヌの訓練はいわば芸術であり科学でもある。訓練には、辛抱強さや自制心、相手への感情移入が欠かせない。その点で芸術といったのである。また、科学といったのは、まえもってイヌの心理や行動について基本的な事柄に関する知識をおさえておく必要があるし、思いやりをもってイヌを理解しようとする心構えが大切になってくるからである。しかし、たいていは動物を思うように扱い、支配するためだけに知識が用いられてしまう。イヌをうまく訓練するというのは、けっして服従させることでもないし、まして従順な無気力なイヌをつくることでもない。「主人」になりたいという飼い主のエゴを満足させるためにおこなうのでもない。イヌに電気的な刺激を与える首輪をつけて、遠隔操作によって訓練されたイヌをわたしはみてきた。たしかに、そのイヌは従順そうにみえるかもしれない。けれども、こうした器具を使って残酷な訓練をする必要がはたしてあるのだろうか。このような訓練では、イヌと飼い主のあいだに親密な関係などとうてい築けるはずがないし、イヌはロボットとなんら変わらなくなってしまう。これは感心しない方法で、広く用いられている電気的な首輪などの器具も、イヌに必要のない痛みや恐怖心、不安を与える原因になっているのである。

イヌに言葉による命令を教えるさいに、飼い主に必要なのは愛情と根気である。また、一八〇センチほどの革ひも、首輪、それに六メートルほどの革ひもも用意したい。この章では、基本的な訓練についての手順を紹介するが、そのまえに簡単な知識をおさえておこう。

イヌがあなたになついていれば、訓練はぐんと楽になる。したがって、イヌを選ぶなら六週齢から一〇週齢の子イヌがよいだろう。すんなりと飼い主になつくのがこの時期だからである。そして子イヌの社会化がうまくいけば、飼い主にすぐになつくようになるし、訓練も大幅に楽になる。

子イヌでなくても、新しい芸を覚えることができる。つまり、年齢や品種に関係なく訓練することができるわけである。一方、飼い主ならだれもがきちんとイヌを訓練できるわけではない。たしかに、プードルやシェトランド・シープドッグ、ゴールデン・レトリーバー、ラブラドル・レトリーバー、ジャーマン・シェパードといったイヌは比較的訓練しやすい。だが、訓練のむずかしい品種でも、手に負えないようなイヌでも、基本的な命令には従うようになるし、信頼のおける楽しいコンパニオンにもなる。

飼っているイヌに対して、あなたは群れのリーダーとして優位に威厳をもってふるまうべきである。そうでないと、指示に従う素直なイヌにはなかなかなれない。これから紹介する基本的な訓練に従ってやってみても、なお手に負えないようならば、近くにあるイヌの訓練学校に入会することを強く勧める。

どのようなイヌであろうと、ある程度は扱いやすく、従順である必要がある。それは、イヌの

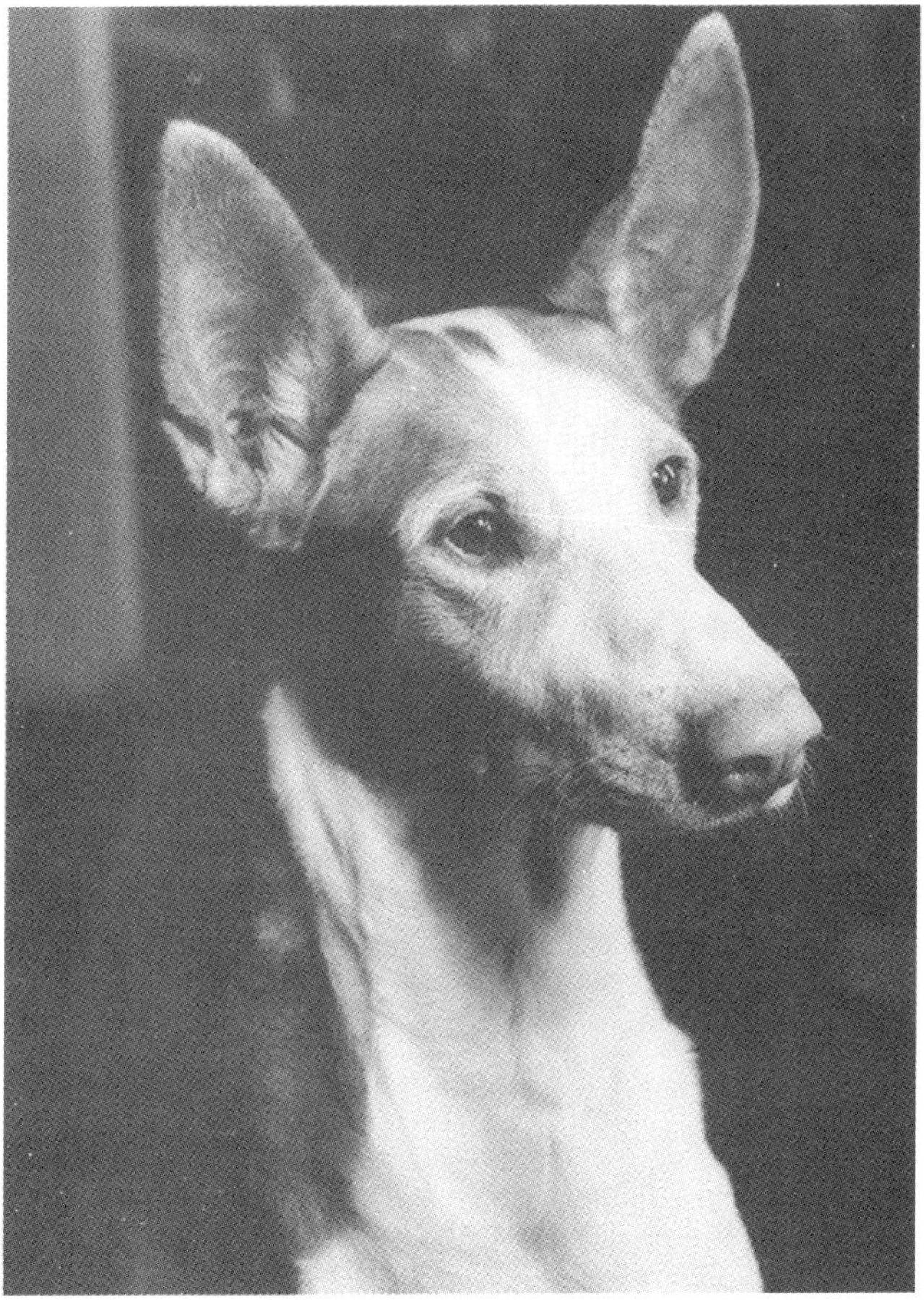

訓練は、イヌと人間とのきずなを深めるために欠かせない。イヌの訓練は科学的で芸術的なものなので、適切におこなえば、無気力で機械のようなイヌになる心配はない。きっと行動を抑制でき、予測できるようなイヌになる。

ためによいし、またほかのものにとっても有益である。さもないと、イヌが交通事故に遭うことだってありうる。反抗的になり、飼い主に嚙みつくこともあるし、来訪者に跳びかかることもある。これは周囲のものにとっても不幸なことである。つまり、「賢い」イヌは、なんらかの訓練を受けるべきなのである。訓練を怠ると、「賢い」イヌでもよくないイヌになってしまう可能性がある。

イヌの訓練期間中、けっして叩いたり、怒りだしたりしてはいけない。そのようなことをすると、イヌは恐怖症になったり、攻撃的になったりすることがあるからである。こうなると飼い主の手に負えなくなってしまうどころか、イヌの学習意欲も低下させてしまう。訓練の成果が思わしくないときには、一時中断したほうがよい。訓練のしすぎは、イヌにとっても飼い主にとってももっともよくないことである。数日のあいだ訓練を中止したのち、あせらずゆっくりと始めよう。すでにイヌが身につけたことから、改めてやりなおそう。

ここで訓練に必要な三つの基本原則を紹介しよう。それは、コントロール、動機づけ、報酬である。まずイヌの名前を呼び、注意を引きながらコントロールすることから取りかかろう。そのさい、かならずイヌとアイ＝コンタクトをとり、まっすぐあなたをみつめるようにさせることを忘れてはならない。最初は、革ひもと首輪を使うとよい。イヌが飼い主に従うだけでなく自らをコントロールできるまでのあいだ、訓練の補助的な役割をしてくれるだろう。「お座り」や「待て」といった命令も、飼い主への服従をイヌに悟らせる役割をする。うまく反応するたびに、イヌの頭をやさしく撫でながら、「いいぞ、えらいな」と、満足げに言葉をかけてほめてあげよう。

これが、イヌの忠実な行動への報酬になる。

正しく教えれば、飼い主に従う訓練もイヌにとって楽しい経験となるはずである。これが、飼い主に攻撃的な態度をとったり、飼い主の威厳をそこねたりしないようにする最良の方法である。しかし、イヌが呼びかけに答えて飼い主の許にやってきても、命令に従って「お座り」をしても、十分にほめないばかりか、専門の訓練士の多くがやるように、逆にチョーク＝チェーン[1]を使って強引に従わせたりする人もいる（もっとよくないのは電気でショックを与える首輪を使用することである）。これでは、イヌにとって訓練は苦痛でしかない。その結果、必要以上におとなしく臆病なイヌになることもあるし、物覚えの遅いイヌになることもある。飼い主との訓練がイヌにとって楽しくないからである。ようするに、あまりにもコントロールしすぎたり、あるいは十分にほめないというのは、イヌの動機づけになる学習意欲や反応をうながす熱意にも悪影響を与えてしまう。

こうした訓練のあとで、イヌの学習への動機づけを強化するために特別な報酬を与えるとよい。たとえば、念入りにグルーミングしてやったり、近所を長距離歩いてみる。しかし、訓練のあとすぐに餌を与えるのはよくない。食べものをもらうことに夢中になり、訓練の成果が上がらなくなってしまうからである。また、お腹が空いていなければ、成果はもっと低くなる。

ところで、イヌがなかなか言うことを聞かないため、訓練に不安を覚えたことはないだろうか。このようなときには、すばやく革ひもを引いたあとで「ダメ」と、一言いうだけでよい。革ひもを強引に激しく引かないようにし、さっと動かして注意を促すのである。ここでイヌを叱りすぎると、事態を悪化させるだけである。それでもなお、革ひもを強引に激しく引く飼い主がいたら、その地域にあるイヌの訓練学校の講座に入会したほうがよい。「来い」と命令しても無視して逃げだして、しばらくしてから飼い主のもとに戻ってきたような場合には、けっしてイヌを叱ってはならない。さもないと、戻ってくると罰を受ける、とイヌは思いはじめるようになるからである。つねに報酬を、である。しかし、気がつかないうちに、逃げだすようイヌを訓練している人が少なくない。つまり、飼い主のもとにイヌが戻ってくると、きつく叱っているのである。訓練の最中にイヌがまちがったことをしても、叱ってはならない。たとえば、イヌを静めて、ほめてやり、自信を取り戻させる。これをくりかえすとよい。

チョーク＝チェーンは使用しない

経験を積んだ獣医やイヌの訓練士のなかには、イヌの訓練にさいしてチョーク＝チェーンを使うことに異議を唱える人が多い。いかなるときでもイヌにチョーク＝チェーンをつけるべきではない。前足の爪をチョーク＝チェーンに引っ掛けてしまうことがよくあるからである。そうなると、イヌがパニックに陥り、足を傷めることになる。

革ひもを引っ張らずに飼い主の脇について歩く訓練をしているときには、幅の広い革製かナイロン製の首輪でも、チョーク＝チェーンと同じ効果がある。革ひもをイヌが引っ張らないようにするためにチョーク＝チェーンを使用している飼い主がいる。彼らはたいてい大きな声でイヌを叱りつけながら、革ひもを強く引いている。これではチェーンがキュッとしまることになり、イヌにとって相当な苦痛となる。一生消えない傷が首に残ることもある。これにくらべると次のような方法のほうがはるかによい。まず、イヌが前方に革ひもを引くときには、飼い主はその場に立ち止まる。当然、革ひもに圧力がかかりつづけるので、イヌにはブレーキがかかる。そこでイヌに近づき、正面に立って、「ヒール（脇に来い）」と命令してみるのである。命令に従ってイヌが飼い主の脇にきたら、すぐにほめてやる。そして、イヌを脇に引き寄せた状態で、食べものを与えたりやさしく撫でたりするとよいだろう。脇というのは、イヌが先へ進んでいかないようにするのに望ましい位置である。こうした訓練の手順を踏めば、イヌが飼い主のそばから離れることもない。そのうえ、飼い主よりも前に出てしまったからといって、チョーク＝チェーンでイヌに苦痛を与えるよりもはるかに効果がある。

チョーク＝チェーンを急に引くことによる苦痛や外傷は、イヌの学習能力を妨げることになるかもしれない。これとは逆にいつも革製、あるいはナイロン製の首輪を使用すれば、苦痛や外傷を与えることなく、イヌの首に安定した圧力を加えることができるだろう。

イヌが革ひもを引っ張るようであれば、チョーク＝チェーンを使いなさいと、イヌの相談に訪れた人に答える訓練士が多い。しかし、経験豊富な訓練士なら気がついていることだが、飼い主の依頼を受けて規定どおりの訓練を終えたにもかかわらず、チョーク＝チェーンを着用してもしなくても、約半数のイヌが相変わらず革ひもを引っ張っているのである。したがって、チョーク＝チェーンは残酷で不必要なものである、という逃れがたい結論に導かれるだろう。文字通り、イヌの首を締めつけて服従させるのがチョーク＝チェーンである。思いやりのある賢明な器具とはとうていいえないだろう。さらに、乱暴な人や経験の未熟な人、あるいは平静を保つことができない人がこの器具を扱うと、イヌに致命的な傷を負わせることになりかねない。たとえば次のような傷が考えられる。気管の破裂や咽頭周辺の裂傷、頸部の外傷や圧迫による神経筋の異常、癲癇《てんかん》（中枢神経系への血液供給の減少が引きがねとなる）などである。

数々の残酷な器具を使ったいわば力による訓練をする人がいる一方で、つねにイヌを理解し、やさしさをもって訓練しようと努めているすぐれた訓練士もいる。こうした訓練士は、チョーク＝チェーンがイヌを傷つける原因になるばかりか、訓練器具としてあまり効果がないこと、またイヌをコントロールするというより苦痛を与える器具であることを知っている。

基本的な訓練の手順

まずは、イヌに革ひもをつけて、飼い主のリーダーとしての地位を築くために、「シット（お座り）」や「ステイ（待て）」といった基本的な命令による訓練から始めることにしよう。こうした命令にイヌが従えばほめてやる。そうすると、イヌは服従のポーズをとり、やがて訓練を楽しむことを覚える。訓練は、イヌが落ち着ける静かな場所を選んでおこなうべきである。また、イヌが空腹のときや散歩に出かけようとしているときには訓練をしないほうがよい。餌を与えてから二〜三時間ほどたってからか、あるいは短めの散歩をしてから訓練に取りかかるとよいだろう。

わたしは、イヌに六つの基本的な命令を教えるのに革ひもによる方法を用いることにしている。イヌの横を歩きながら、はじめはわたしのすぐ後ろか脇を歩かせる訓練から取りかかる。初心者

あなたの最終目標はイヌの忠実度競技で勝つことだろうか。それともコンパニオンとただ不安なく暮らすことだろうか。どちらにせよ、訓練で期待されていることをかならずイヌに理解させ、一貫した訓練をおこなえば、あなたの目標をかなえてくれるだろう。写真提供 Evelyn M. Shafer

がやりがちな長い革ひもを使い、食べ物を一切れ与えながら、単にイヌを飼い主に向かい合わせにする方法よりもこのほうが早くできる。革ひもを使えば、イヌが逃げだすこともないし、十分な心理的抑制ができる。また、あなたは物理的な力でイヌに過剰な服従を強いなくても、イヌのリーダーとしての役割を得ることができるのである。

ステップ1　「ヒール（ついてこい）」

まず、あなたの左側にイヌを立たせ、革ひもの首輪に近いところを左手で握る。革ひもはあなたの体の正面を通り、右手でその革ひもの端をつかむ。次に、イヌの名前を呼び「ヒール」と、命令する。あなたが前に歩きだすときには、革ひもをすばやく動かし、なるべく体の近くをイヌが歩くようにする。つねに左足から歩きはじめ、適度な速度で歩くことが大切である。もしもイヌが革ひもに抵抗を感じ、もがくようであれば、イヌをほめて安心させ、もう一度名前を読んで「ヒール」と、命令してみよう。この命令に従うようであれば、今度は歩くスピードに変化をつけてみる。また、右折や左折と歩く方向を変えたり、円を描くように歩いてみるのもよい。指示どおりあなたの左の踵付近をついてくるときには、「よーし、いいぞ」というようにいつもほめてやることだ。革ひもには遊びをもたせることが大切である。でないと、あなたは疲れてしまうだろうし、イヌも首が「きつく」なる。そして、コントロールするのがむずかしくなり、きめのこまかな制御ができなくなってしまう。革ひもにわずかな遊びをもたせると、イヌがあなたの前方に出ようとするときでも、あるいは後方に下がろうとするときでも、革ひもをしっかりとすばやく動かすことができるのである。なかには、あまりにも激しく引く人がいるけれども、これではイヌの首が傷ついてしまう。ところで、ウマの調教師は、口に「ハミ」をつけたウマを手綱を引いてコントロールする。これと同じことで、微妙な、しかもタイミングを得た革ひもの扱いができればできるほど、命令に従うことをイヌが学び覚えるのも早くなるはずである。

この「ヒール」の課程は、イヌが覚えるまで毎日一五〜二〇分くらいおこなうとよいだろう。名前を呼んだあとに「ヒール」の命令で、いつもあなたの左の踵付近にくるようになり、この訓練の課程を通して、ほんの一、二度注意しただけでイヌが飼い主の踵付近にとどまるようであれば、「ヒール」の意味を理解したと思ってよい。

ステップ2 「シット（お座り）」

この課程までくると、イヌは革ひもにも首輪にも慣れたはずである。次の目標は、イヌに「お座り」を覚えさせることである。まず、イヌの名前を呼んで「ヒール」と命令する。そしてしばらく歩いたら、名前を呼び、「シット」と言ってみる。このとき、革ひもをもつ手を変える。つまり、右手でイヌの首輪の近くの革ひもを握り、左手をイヌの臀部にあてるのである。次に、右手で革ひもを引きよせ、左手でイヌの臀部をおさえてみる。あなたの左側で「お座り」の姿勢ができたらおおいにほめてやろう。ほめることで、座るという服従の姿勢をとることがイヌにとって楽しいことになるからである。

今度は、イヌの名前を呼んで「ヒール」と命令し、数歩あるいたのちに、名前を呼んで「シット」と、くりかえし命令してみる。数日もすると、「シット」という命令でイヌは、首や臀部に圧力が加わることを予想できるようになり、手を添えて「お座り」のポーズをさせなくても自分で座るようになるだろう。この課程ができるようになれば、次は「ステイ（待て）」の課程へと進む。

ステップ3　「ステイ（待て）」と「カム（来い）」

まずイヌに「ヒール」と命令し、数歩あるく。次に「お座り」をさせ、「ステイ」と命令してみる。このとき、あなたの右手をイヌの頭の上に出して、その状態のままイヌの正面に立ってあたりを動いてみる。はじめは、あなたの動きにつられて立ち上がるかもしれない。そのときには、もう一度イヌの右側に立ち、「お座り」の姿勢をさせ、名前を呼んでから「ステイ」と命令してみる。もしもイヌが仰向けになって、服従の姿勢をとったとしても無視し、もう一度「ヒール」からやり直すのである。やがてイヌは、あなたが離れてもじっと座り、「待て」の姿勢をとりつづけるようになるだろう。この段階までできたら、長い革ひもを使い「待て」の姿勢を三〇秒かそこらつづけてみる。これができたら、上げていた手を手前に振り、名前を呼んでから「カム」と命令してみる。一度でも走りよってきたらたっぷりとほめてやろう。そのあとで、「ヒール」に始まる一連の課程を繰り返してみるのである。第三ステップは、毎日一五分間の練習を二週間つづければそれで十分である。ゆくゆくは、「待て」の姿勢の継続時間を一分から二分へと延ばすことができるようになるだろう。

訓練の講座は、多くの地域社会で開催されており、イヌの飼い主にとってさまざまなメリットがある。受講する価値のある点といえば、一つは、有能な専門家の指導のもとで訓練する機会をもてるということ。そしてもう一つは、ほかのイヌや人のいる環境で体を動かせるという点である。上の写真は、イヌに長時間のお座りをさせるまえに、飼い主が「ステイ（待て）」の合図を出しているところである。下の写真は、しばらくのあいだ「ダウン（伏せ）」をさせながら、飼い主はイヌのそばから立ち去ったところである。すべての従順訓練は、日々のイヌとの暮らしのなかでの思いやりから始まる。写真提供 Jim Abrams

ステップ4　「ダウン（伏せ）」

さて、最後の課程が「ダウン」である。まず、イヌに「お座り」の姿勢をさせて、前足をつかんで前方に滑らせてゆく。べったりと地面に横たわった状態になったら、名前を呼んで「ダウン」と命令してみる。片手でイヌの肩に圧力をかけながら、「ダウン」と「ステイ」の命令を四〜五回くりかえす。そののち、「ヒール」の命令でイヌの身体を起こす。「待て」と組みあわせた「伏せ」の訓練を数日間することで、長い革ひもを使って、イヌの前を動きまわることができるようになる。このとき、イヌには「お座り」の姿勢をさせる。そしてあなたの腕をあげて「待て」の指示をする。次に、腕をさげて「ダウン」の命令をしてみる。もしもイヌがあなたの腕による信号を、「カム」の命令と取りちがえたらどうするか。そのときには、もう一度、「シット」や「ステイ」の課程に戻ってみるのである。そして、「シット」や「ステイ」の姿勢から、腕が下がるのを見て、名前と「ダウン」という命令を聞いてから、「ダウン」の姿勢をとることができるまでくりかえすのである。

この四つの課程がマスターできたら、あなたのイヌは五つの基本的な命令を学習したことになる。つまり、「ヒール」、「シット」、「ステイ」、「カム」そして「ダウン」である。ここではじめて、イヌから革ひもを取りはずしてみることができる。ただし、革ひもをはずすまでには時間と忍耐が必要である。また、革ひもで制御しなくとも飼い主の声と腕による信号に反応することをイヌが学習するまでは、革ひもをつけた訓練をくりかえさなければならない。革ひもをはずす段階までくれば、あなたのイヌは従順で信頼できる行儀のよいイヌになっているだろう。命令すれば、駆け寄ってくるだろう。来客に飛びつくことなくじっとしているし、あるいは、道端に座るようになる。しかもひじょうにうまく順応したコンパニオンになっているはずである。

しかし、訓練をおこなう自分の力をけっして過信してはならない。イヌの気を引きつけるようなことがあると命令を無視することもあるし、逃げだしてほかのイヌに求愛行動をしたり、ほかのイヌと遊ぶこともある。交通事故に遭う可能性もある。公共の場では、つねに革ひもをつけておこう。さもないと、地方自治体によっては条例違反になることも少なくない。

すでにイヌが学習したことをもとに、さらにイヌの言葉の理解力を増したいと思うかもしれない。訓練の課程で、先に紹介した四つの基本的なステップが十分に理解できたならば、イヌに「スタンド・アンド・ステイ（立ったまま）」や「ロール・オーバー（寝返りしろ）」、「シェイク・ハンド（握手）」、「ゲット・アップ（起きろ）」、「ゲット・ダウン（かがめ）」、あるいは「フェチ（取ってこい）」や「スピーク（吠えろ）」などを教えることができる。さらに高度になると、あなたは言葉によってではなく、笛や手の合図を使って命令できるようになる。まず言葉による信号を学習させ、口笛や腕の動きを理解させる。それから言葉の命令を控えるようにする。腕の動きによる信号は、老犬になって耳が聞こえにくくなったとき、とくに役に立つ。

最後に一言つけ加えておくと、命令を出すさいには、声の抑揚がきわめて重要である。「ダウン」や「ステイ」といった受動的な反応には、命令のさいに声のトーンを落とし、単語をゆっくりひき延ばす感じで、たとえば「ステーイ」、「ダーウンー」というように発してみる。「カム」や「フェチ」といった能動的な反応には、単語の語尾にアクセントを置いたり、「カム、カム」

と単語をくりかえすことで強調してみる。言葉は短く歯切れよく発することをお忘れなく。

ようするに、基本的な命令に従う訓練をおこなうことは、あなたを群れのリーダーとして位置づけることでもある。これは、イヌを社会的に不適応な「非行イヌ」としないためにも、あらゆるイヌにとって必要な一種の関係なのである。また、イヌを自由奔放に育てたい飼い主や、いつも革ひもをつけないで自由にさせておきたい飼い主にとってさえも必要となる。この訓練は、生後一二週から一六週に開始してよい。ただし、激しい訓練は、イヌが六カ月齢になるまでは控えるべきである。訓練が終わったら、かならずイヌの身体をていねいにグルーミングしてやることを心掛けたい。ボールやフリスビーを使って自由に遊ばせたり、タオルで綱ひきなどをするのもよいだろう。命令に素直に反応したときには、いつもほめることを忘れないように。もしも適切な訓練をおこなえば、コンパニオンのすぐれた才能を引きだすことができるはずだ。さらに、飼い主とイヌのあいだに申し分ない関係が築かれるはずである。適切な訓練は、責任ある飼い主にできる最高の投資ともいえよう。

追記・不適切なしつけとは

イヌに不適切なしつけ（子どものしつけにもいえることだが）をする人があまりに多い。たとえば、つい最近わたしは、ある女性が大きな声をあげながら革ひもでイヌを叩いているのを目撃した。彼女はすっかり落ちつきをなくしていた。どうやら、先を急ぐあまり、そのイヌがマーキングしたりにおいを嗅ぐのを止めさせようとしていたらしい。

自分の願望を他人に押しつけるさい、わたしたちは自分がいかに身勝手な存在なのか気がつかないことがよくある。この女性の場合、外出するときにはイヌを連れていかないほうがよかったように思う。いつだったたか、公園でイヌがけんかしているのを見たことがある。相手に負けたイヌは、ヒステリー気味の飼い主にけんかしたことを厳しく叱られていた。どちらが先にけんかをはじめたかということに関係なく、彼女はそのイヌを慰めてやるべきだった。慰めるか、叱るか。このように、いつも二通りの態度のとり方がある。彼女は愚かにもイヌの行動に当惑し、おそらく自分の生活のなかでイヌをうまくコントロールできなくなるのを恐れたのだろう。イヌは傷つき怯えていた。しかし、その女性は最後には金切り声をあげて、イヌを叩いたのだった。彼女はイヌに深い愛情をもっていたのだろう。しかし、不安がこうした厳しい態度として表われたのである。ひどく叱られているあいだに、イヌは激しい発作を起こしてしまった。相手のイヌの攻撃と飼い主の厳しい態度により、神経系に負担がかかって痙攣《けいれん》が起きたのである。

最後に、イヌを混乱させる奇怪で不適切なしつけを紹介しよう。ある飼い主は、いつもイヌの革ひもを乱暴に引っ張り、イヌがほかのイヌのほうを見たり吠えたりすると、決まって手にした杖を振りまわした。実は飼っているイヌが喧嘩をはじめるのを警戒していたのである。だが、じっさいにはイヌに攻撃的な行動をするよう刺激を与えていたのである。にもかかわらず、この飼い主は、イヌをしつけていると思っていた。

わたしたちは、自分のほんとうの感情や動機を自覚していないと、イヌを不当に扱うことがある。あまりにも自分のやっていることに熱中するあまり、客観的に状況を判断したり、イヌに対して不適切なことをやっているのだと気づく余裕がないときには、どんなに愛情深い飼い主でも、必要のない虐待をしてしまうことがあるのである。

［1］　首輪を引っ張ると首が締まるようなしくみになっている。

11 すぐれた番犬に育てよう

イヌの飼い主のなかには、そのイヌにコンパニオンとしての役割はもちろん、すぐれた番犬がそなえた警戒能力をも期待する人が多い。

わたしの言う番犬とは、見知らぬ人にいつも攻撃をしかけたり、吠えたりするイヌのことではない。遠く離れた場所や高層アパートの下から聞こえた音にではなく、近所で怪しい物音がした場合や、不審人物が家に入ろうとした場合に吠え、飼い主に注意を促すイヌのことである。しかし、イヌはこうしたことをごく自然のこととしておこなう。イヌにはなわばり意識があるため、自分の領域に何者かが踏み込んでいるのを感じると警戒するのである。

つまり、もともとイヌはすぐれた番犬になる能力を秘めているわけである。ようは訓練しだいである。だが、訓練なしに番犬になることを期待したり、あいまいな指示をしてイヌを混乱させる飼い主が少なくない。飼っているイヌが、ドアをノックしている人や野外のイヌに向かって吠えたりすると、叱ったり殴ったりする飼い主がいる。これは誰もが犯しがちな過ちといえる。幼いイヌの場合、こうしたことをすると、すぐに警戒の吠え声を出さなくなってしまう。まずは吠えたことをほめよう。イヌがどうして吠えたのか見極めて、その理由がはっきりしたら、「よし、いいぞ。さあ、静かに」と声をかけよう。安心を与えるような言葉がなによりも大切である。飼い主が冷静であれば、イヌもやがて落ち着きを取り戻すだろう。

とくに、神経質なイヌを飼っている場合、飼い主にはつねに冷静さが要求される。たとえば、客が訪ねてきたり、あるいは電話が鳴ったりしても、すべてを投げ出して応対に走ったりするなど、うろたえないようにしよう。落ちついて対応しないと、イヌは困惑し不安になり、電話が鳴るたびに吠えたり、飼い主に噛みついたりすることさえある。

子イヌのときから、しかるべきときに吠えさせたがる飼い主が多いが、これはそう簡単にはいかないだろう。生まれてまもない子イヌには、なわばりを守る習性がまだないからである。なわばりを守るために吠えるようになるには、少し時間がかかる。なかには、生後六カ月から一年、あるいはそれ以上経たないとなわばり意識を示さないイヌもいる。

吠えさせるためにはどうしたらよいだろう。まずは、イヌといっしょにドアのそばに立ち、だれか（理想としては、ほかのイヌがよい）がそばを通りすぎるときに飼い主が吠えてみる。周囲の目が気になるようであれば、隣人や友人に頼んでドアを叩いたり、ベルを鳴らしてもらって、吠えてみる。幼いイヌならば、ほとんどが飼い主をまねて吠え、意味を理解するだろう。それでもうまくいかない場合には、人に頼んで玄関で騒いでもらったり、紙袋に目穴をつくり、それをかぶって恐がらせるとよい。これを繰り返すうちに、「玄関のおばけ」を警戒するようになる。うまくイヌが吠えたら、その場でほめて、愛撫してあげよう。イヌに自信をつけさせるために、飼い主もいっしょになって吠えてもよい。

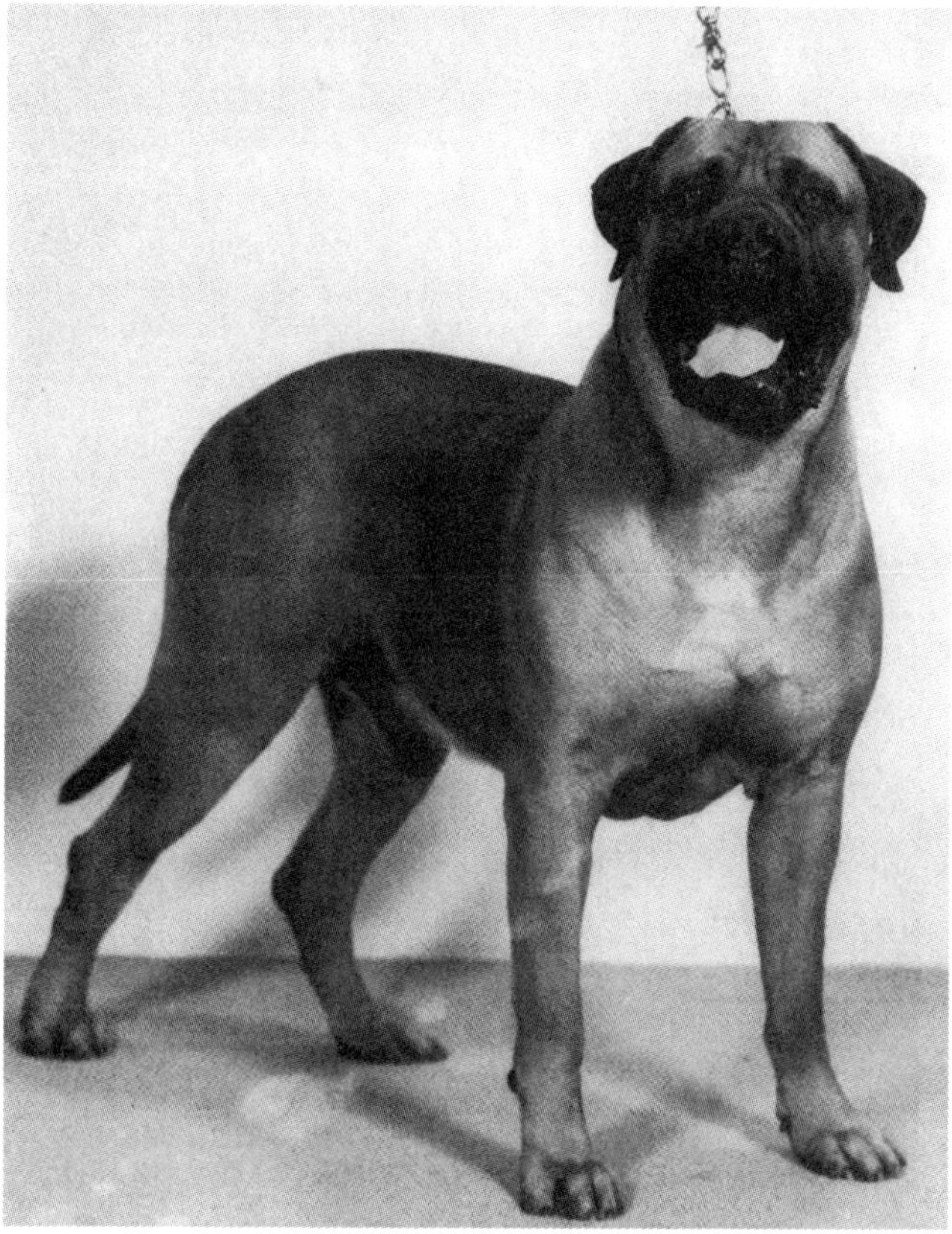

すぐれた番犬は、何世紀ものあいだそうであったように、今日でも重んじられている。もしこうしたイヌが与えてくれる安心感を手に入れようと考えているなら、すぐれた気質の番犬を選ぶことだ。覚えておいていただきたいのは、イヌにはなわばりを守る習性があり、たいていどんなイヌでも玄関で吠え、訪問者がいることをあなたに知らせることができる、ということである。写真のブル・マスティフのように、イヌのなかには防御的な性格をもつように品種改良されてきたものもいる。こうしたイヌの感覚は、防衛や保護に関してはさらに鋭くなるだろう。

用心深いイヌには、まず「自尊心を育む」ことから始めよう。それには、布切れやゴム製のおしゃぶりを使って綱ひきをすると効果がある。綱ひきの途中で手を放し、イヌに勝たせてやる。こうした遊びを通して、イヌの筋肉は発達するし、自信にもつながる。内向的だったイヌもやがて適応力のある外向的なイヌになるだろう。このような遊びは、イヌの年齢が低いほど効果があるので、なるべく早めに取りかかることが大切である。

わたしは自分自身の経験を通して、イヌと「いっしょに吠える」ことにもっと重要な意味があることをたしかめた。イヌを飼っている友人のところを訪ねると、いつもわたしはそのイヌと仲良しになれる。つまり、友人のイヌと部屋にいてだれかがドアのところにきたら吠えたり、あるいは窓や玄関のほうに目を向け、だれかがわたしたちのテリトリーを侵したかのように吠えてみるのである。すると、友人のイヌもわたしといっしょに吠え始めるのである。そのイヌにしてみれば、二本足で立っているこの訪問客が、そのイヌのテリトリーをいっしょに守ってくれていると思っているようである。

これと似たケースとして、イヌが飼い主の咳で混乱したという話を耳にしたことがある。飼い主の女性が咳をするたびに、そのイヌも吠えたというのである。まるで飼い主の咳を「テリトリーを守る吠え声」とみなして、あたかもそれを援護しているかのようだったという。

バセンジーという種類のイヌを除いて、イヌにはすぐれた番犬になる能力がある。小型犬もその例外ではない。どのイヌももともと自分のテリトリーを防衛し、守ろうとするからである。もしも、イヌにコンパニオンとしての関係だけでなく、頼りになる番犬としての役割をも望むならば、イヌの体格のちがいはそれほど問題とはならない。

しかし、小型犬の場合には、いつまでもやさしく包み込んで自由を束縛しないよう注意する必要がある。過保護に育て、飼い主に依存しすぎるようになると、イヌは「終生子イヌ」となり、番犬に適さなくなることがあるからである。

過保護に育てられたイヌが、訪問者に襲いかかったり、嚙みついたりして、不愉快な思いをさせることがよくある。こうした行動の引きがねにはさまざまな要因が考えられる。

一番目の問題に、わたしがはじめて遭遇したのは、ある老夫婦が飼っているイヌの予防接種にでかけたときのことだった。そのイヌは、なわばり意識が強く、わたしに襲いかかろうとした。止められると、今度はその老夫婦に嚙みついたのである。服従する訓練を受けずに、おまけに甘やかして育てられると、イヌは「お山の大将」になり、手に負えない厄介なイヌになったようである。老夫婦は自由奔放にこのイヌを育てていたため、吠えてばかりいてもそのままにしておく。これは周囲の頭痛の種でもある。度を超えて寛容な飼い主は、イヌを甘やかしすぎて叱ることができないからである。

次の問題は、ジャーマン・シェパードやドーベルマン・ピンシェルなどの、生まれつき防衛しようとする性格をもった品種がかかえる問題である。このようなイヌには、抑制できるように、また誰かが玄関にいても過度に吠えないよう、あるいは見知らぬ人に襲いかからないようにするため、従順なイヌにする訓練、つまり従順訓練が必要となる。飼い主の恐怖症や用心深さにイヌが気づくとやっかいな問題が起こる。わたしの経験からすると、もっとも扱いがむずかしいのはこうした防御的なイヌで、心に不安を抱いている飼い主によって飼われている場合が多い。飼い主のこのような気質が原因となってイヌをいっそうひどい恐怖症にし、より防御的にしてしまうように思える。こうしたケースでは、従順訓練をおこなうことが唯一の解決策となる。

防衛本能が強いと、そのほかにも問題を引き起こすことがあり、飼い主は用心すべきである。たとえば、庭で鎖や革ひもにつながれている場合、ふだんより攻撃的になり、通行人や来客に嚙みつくことがある。飼い主の家族の子どもを守ろうとするあまり、その子といっしょに遊んでいる子どもや通行人にけがを負わせることもある。

イヌのなかには、防衛本能がひじょうに健全に発達したものがいる。訓練しやすく、相手を十分威嚇できる体格や身体的な強さから、こうしたイヌを飼い、攻撃訓練をしてよりすぐれた番犬にしようとする人がいる。しかし、この考えはまちがっている。イヌの扱いに不慣れな人がこうしたイヌを飼うと、それが「財産」になるどころか、「負債」になりかねないからだ。ある女性が配達の少年を家に呼んだところ、その少年は彼女のイヌにひどく嚙まれたというケースがある。彼女は、相手を攻撃するよう訓練されたそのイヌが、裏庭ではなく居間にいることを忘れていたのである。

防衛本能の発達したイヌには、相手を攻撃するような訓練ではなく、従順訓練が必要である。訓練士のなかには、あなたのイヌに攻撃性を高める訓練をし、あなたの身を守るイヌにします、という宣伝をする人がいる。このような訓練士は、人に嚙みつく行動を抑制するイヌ本来の性質を改変するようなひどい方法を往々にして使う。虐待され、心理的に深い傷を負い、精神病質に

写真のヨークシャー・テリアのような愛玩犬が、優秀な番犬であることに気がついている人は多い。もちろん、愛玩犬には身体的な威圧感はないが、なわばり意識が強く、よく吠える。こうした属性は、すべて家のなかで頼りになる番犬に必要な要素を満たしている。
写真提供 HSUS/Frickey's Studio

おなじみのドーベルマン・ピンシェルは、きわめて特殊化した番犬で、勇敢で実力もある。ドーベルマンには従順訓練が欠かせない。また、必要とされる権威をいつでも示すことのできる飼い主の存在も重要である。

なりかねないイヌといっしょに暮らす気には、わたしはなれない。

ただ吠えるだけの番犬では、安全の保証として十分といえないのではないか、との意見もある。たしかに、小型犬が吠えたのでは、侵入者をすべて追いはらえるとは限らない。しかし、多くの場合、それは可能だろう。侵入者のほとんどは内心ビクビクしており、イヌの吠え声が気にかかる。その吠え声により、自分の姿をみられてしまったような気になり、したがって家のなかにはなかなか侵入できない。もう少し体が大きく、太い声で吠えるイヌを飼いたければ、テリアやスコットランド・プードルといったイヌで十分だと思う。体が大きければ、それだけ安全が得られるというのは、ほんの一部しか当を得ていない。防衛本能の発達した一四〜一八キログラムのイヌでも十分相手を威嚇することができるし、何度も噛みついて痛みを与えることもできる。また、大型種でもアイリッシュ・セッターのように性格のおとなしいものもいて、その体の大きさだけで、相手を威嚇する役割をはたす。

以前、ある女性から電話をいただいた。番犬としてコリーを飼っていたが、ドロボーに家のなかの金品を奪われたというのである。コリーはそばにいて見ているだけだった。助けにこなかった、と彼女はずいぶん怒っている様子だった。しかし、彼女と電話で話しをするうち、その声のトーンから原因がわかってきた。つまり、コリーを過度に抑制し、威圧していたのである。コリーは、彼女に服従するあまり（飼い主に自尊心を打ち砕かれたとも考えられる）、彼女自身でこの危険な場面を打開できると考えたのだろう。

すべてのイヌが飼い主の危険な状態を正確に理解するとは限らない。逆に、危険な状態でもないのに、混乱して飼い主を保護しようとすることもある。こうした問題も、飼い主は心に留めておく必要がある。一つの例は、老婦人がころんで倒れたとき、飼っていた二匹のイヌに襲われたというものである。たとえば、ある事故で責任を問われている飼い主がいる。革ひもをつけていたにもかかわらず、キャッチボールをしようとその飼い主とイヌのそばを通りすぎようとした少年に噛みついたのである。その少年を、自分を脅かす存在ととらえたのだろう。また同じように、女性の飼い主を守ろうとして、ベッドに跳び上がり、男性に攻撃をしかけたイヌもいる。嫉妬もあったのかもしれない。

他人に危害を加える恐れのある番犬を飼っている人には、そのようなイヌを飼っている旨の警戒標識を掲げる社会的責任がある。だが、そうしたとしても、三歳の子どもには標識が読めない。じっさい、鎖につながれたひじょうに警戒心の強い番犬がいる庭に、二歳になる子どもが迷い込み事故に遭ったケースが、現在も係争中である。その両親に注意が足りなかったとしても、子どもが簡単に通れないような柵を設ける責任が飼い主にはある。柵のない庭のイヌは、子どもにとって魅力的な存在でもあり、危険要素にもなり得るからである。

12 赤ちゃんが生まれたら

「わたしの赤ちゃんをイヌがどう受け入れるのだろう」。イヌを飼っている親にとって、これは深刻な問題かもしれない。うまく対処するには、まずこの問題に関する情報を集めることである。この章では、あなたが直面しそうな問題について考えてみたい。あなたの赤ちゃんだけでなく家族のだれかが被害に遭うまえに、問題の芽を摘みとる必要がある。そのために、前もってどんな手を打てばよいかということについても説明しよう。

どんなときもイヌへの注意を怠ってはならない。いままでイヌが問題を起こさなかったからといって、これからも安全という保証はないからである。近ごろ起こった出来事を紹介しよう。ある夫婦に子どもが生まれた。病院を退院し、赤ちゃんを連れて自宅に戻ると、その夫婦は飼っていたイヌにその赤ちゃんを紹介した。そのイヌは好奇心が強く、友好的でおとなしい性格だった。夫婦が赤ちゃんを居間の乳母車に置き、台所に行ったすきに、イヌは頭部をくわえて赤ちゃんを運び去ったのである。赤ちゃんは脳内出血が原因でまもなく息を引きとった。赤ちゃんの頭蓋骨は軟らかいため、イヌが押しつぶしてしまったのである。

だからといって、これから子どもを産もうとしている人を前にして、イヌを飼うなとおどかすつもりは毛頭ない。健康上の理由から、イヌを飼うのをやめるよう妊婦に勧める無責任な医者もなかにはいる。イヌの寄生虫が子どもに宿る可能性があるというのである。だが、保健衛生の専門家に尋ねてみるとよい。赤ちゃんは動物の傍にいるよりも、人間の近くにいるほうがよっぽど危険だ、とだれもが口をそろえて言うだろう。わたしたちの病気は、動物からではなく人間から感染するのがほとんどだからである。

まず最初に、赤ちゃんが家族の一員になる前にしなければならないことは、獣医にイヌを診てもらうことである。テストをしてもらい、イヌが健康で安全であることをたしかめてから赤ちゃんを迎えよう。

二番目に、妊娠したら早い時期にイヌを訓練学校に入会させることを強く勧めたい。子どもが生まれるまでに、なるべく扱いやすいイヌにしておくためである。

妊婦が臨月を迎える三カ月ほど前になると、イヌは家のなかで何が起きようとしているのか敏感に感じとる。このため、イヌはふだんよりも神経質になり、問題を引き起こすことがある。妊婦は、出産が近づくと不安になり、出産のことで頭のなかがいっぱいになる。これがイヌに影響をおよぼす。つまり、いままでの生活が変化し、イヌにあまり注意を向けることがなくなるからである。なかには自分の殻に閉じこもったり、ますます不安を募らせるイヌもいる。すると厄介者扱いされることもあり、事態はさらに悪化することになる。たしかに、妊娠後期の女性がイヌと長い距離を歩いたり、激しい遊びをしたりするのは無理である。それなら、代わって夫がイヌの相手になって注意を払い、必要な運動をしてやればよい。

妊婦はコンパニオンであるイヌに、いままでどおり愛撫したり、グルーミングしたり、話しかけたりするとよいだろう。やさしくしてやると、じきにイヌは落ち着いてくる。出産が間近な女性は動きが少なくなり、そのうえ夫の関心はどうしても彼女に集中してしまう。するとイヌはいっそう人に依存するようになってしまう。また、赤ちゃんが生まれるとイヌは疎外感を抱きやすくなるのである。べつに擬人化しているわけではない。イヌを子どもの代用とし、飼い主に依存するように育てている人が少なくないのである。妊娠期間中、あるいは子どもが生まれてからというもの、イヌが迷惑なことばかりするようになった、と不思議がっている夫婦からたくさんの手紙をいただいている。ある夫婦は、赤ちゃんのための寝室を準備して飾りつけ、イヌを近づけないようにしていた。ふだんは行儀のよいイヌだったが、夫婦が外出したすきに寝室のドアを壊してなかに入り、ベビーベッドのかたわらに排便したという。日常の生活が変化したうえに、あまり注意を向けてもらえなくなったため、混乱してしまったのだろう。このように、イヌにけして疎外感を味わわせてはならない。それには、イヌといっしょにいる時間をかならずつくることが大切である。これが三番目のルールである。

赤ちゃんが家庭に加わる数週間ほど前に、人形を買うことをわたしは勧める。そして、その人形に産着を着せ、授乳するふりをしてみる。つまり、赤ちゃんが家族の一員になったら何が起こるのかイヌにあらかじめみせておき、飼い主の新しい行動に慣れさせておくのである。また、赤ちゃんの泣き声を録音したテープを、産着を着た人形から流してみるのもよい考えだと思う。きっと、イヌが赤ちゃんに慣れるのに役立つはずである。イヌは赤ちゃんという存在が珍しくて

イヌと赤ちゃんとは、自然で幸せな組み合わせである。赤ちゃんが生まれて家族の一員となったら、イヌにもしかるべく紹介し、イヌをどこか目につかない所に追いやったりしないようにしよう。これは家族全員が楽しく暮らすうえで大切なことである。

用心深くなったり、飼い主の関心が赤ちゃんに集中することを警戒したりする可能性も低くなるからである。

いよいよ赤ちゃんが家族の一員となったときには、いままで以上にイヌに関心を向けるようにしよう。イヌの嫉妬心を和らげるためである。イヌはほんとうに嫉妬するし、それを行動で示す。これは、兄弟のライバル意識と同じで、飼い主に依存しているほど激しくなる。

イヌは嫉妬心をさまざまな行動で表現する。たとえば、排便のしつけを守らなくなったり、玩具に異常に執着したり、不機嫌になったりするイヌもいる。また、とくに赤ちゃんに食事を与えたり、赤ちゃんのオシメを替えたりするとき、極端に不安そうになるイヌもいる。あるいはまた家中飼い主にくっついてまわったり、放っておかれると憤慨したりする。このようにペットが家族にとって迷惑な存在になったとき、こうした行動の原因を突きとめようとせず、罰を与えてしまうのは安易にすぎる。これでは事態を悪化させるだけである。しっかりと愛撫し、ほめてやる。そして、安心させてやることを忘れてはならない。

イヌのなかには、暴食することで不安や嫉妬心、不安定な心理状態を表現するものもいる（まさにわたしたちと同じである）。だからといって、必要以上の食事をイヌに与えて慰めようとするのは感心しない。肥満はペットにとって健康上よくないし、食べるにまかせて必要以上の食事を与えることは、イヌの心理的な動揺を解決する手だてにはならないからである。

四番目のルールは、イヌの好奇心を満たし、赤ちゃんに引き合わせることで恐怖心を和らげることである。赤ちゃんを腕でかばうように抱き、座る。イヌが近くにきて眺め、赤ちゃんのにおいを嗅げるようにするのである。あくまでも静かに、穏やかに、安心させるような声で話しかけよう。赤ちゃんが泣くと、イヌは警戒するかもしれないが、すぐに慣れるはずだ。わたしは、赤ちゃんが泣くとその親のところに駆けてくるイヌを知っている。まるで、いそいで世話をするよう親に告げているようである。たしかに、赤ちゃんの泣き声は、子イヌがキャンキャンという鳴き声に似ていなくもない。そのうえペットのほとんどが、思いやりをもって反応しているように思える。

赤ちゃんが突然、足を動かすと、イヌは警戒することがある。あるいは、その動きが魅力的な刺激となり、ふざけて爪をたてたり噛んだりすることもある。このような場合、飼い主は言葉で叱って、こうした行為をさせないようにすべきである。このようなイヌの反応があるため、五番目のルールはつねに守らなければならない。五番目のルールとは、決して赤ちゃんを一人にせず、またイヌの監督を怠るなということである。

赤ちゃんが成長し、たとえばイヌの耳や尾などに手がとどき、つかめるようになると、この五番目のルールはさらに重要になってくる。イヌを赤ちゃんから守らなければならないからである。赤ちゃんはイヌを強くつかんだり、抱いたりしがちで、またそれがイヌの苦痛の原因になることを知らない。髪の長い母親ならばわかっていただけることだろう。

イヌのほとんどは、幼児にきわめて理解を示し、寛容で辛抱強い。しかし、たとえ十分に信頼のおけるイヌでも、事故や悲劇を起こさない保証はない。幼児がそばに近寄ってくると、たいていイヌは起き上がって移動する。幼児には、這ったり歩いたりしてイヌの後を追うのはやめさせよう。また、イヌが安心して休息できるように「立入禁止」ゾーンを設けてみる。同時に、イヌが食事をする場所も「立入禁止」にするとよい。そのさい、イヌが入って食べるケージやその出入口などは、幼児が入り込めないつくりにすべきである。だれにも邪魔されずにイヌが食事できるようにする。イヌのなかには、食事中ふだんより攻撃的になり、警戒の唸り声をあげていきなり嚙みつこうとするものもいる。食事中のイヌにとって、子どもやおとなの存在を脅威と感じれば、食べものを守ろうと唸り声をあげるのは自然なことである。イヌについて何も知らないある飼い主が、イヌの食事中、そのイヌが彼に吠えたので罰を与え、口のなかから食べものを無理やりつかみだした、とわたしに語った。イヌがおとなしく食べるよう六歳になる息子にも、同じことを教えたほうがよいのか、と彼に尋ねられたので、わたしは、イヌを一匹にして食事をさせ、ぐっすりと寝かせるようにと答えた。

いかにあなたがイヌを信頼していても、事故は起こり得る。あなたの子どもの行動が事故の引きがねになることがあるからだ。ごく最近のことだが、こんな痛ましい事故があった。あるイヌが居間で子どもを殺してしまったという事件である。そのイヌの脳に異常がなかったかどうか、獣医が安楽死させたのち解剖してみたところ、なんと内耳に折れた鉛筆が見つかったのである。このせいで猛烈な痛みが生じていたことだろう。

イヌの化膿した耳や傷ついた足にうっかり触れたため、嚙みつかれた子どももいる。イヌのなかには、自分の玩具をかたくなに守ろうとするものもいるが、イヌの警戒の唸り声が何を意味しているのか、幼児には理解できない。したがって、子どもが分別がつくようになるまでは、ペッ

よく反応するイヌといっしょに成長することで、子どもの個性が育てられていく。イヌが寄せてくれる愛情や仲間意識によって、子どもたちは我慢強さや思いやりの心を身につける。写真提供 HSUS/Eric Friedl

トを子どもから守るために細心の注意を払うべきだろう。

イヌは、わたしたちが思いちがいをしたり、奇怪に感じたりする反応をすることがある。こうした反応は、イヌの生まれついての行動が関係している。たとえば、自分の子イヌにするのと同じように、赤ちゃんを清潔にしようとおしめに鼻をこすりつけるイヌもいるし、捨てられたおしめのなかでころがって遊ぶイヌもいる。あるいは、離乳時に親イヌが子イヌにするように、人間の幼児に食べものを吐き出すイヌもいる。

近所の子どもへの配慮も怠ってはならない。あなたが防御的な性格をもったイヌを飼っていて、そのイヌが近所の子どもやあなたの子どもと遊んでいるときはとくにそうである。わたしの診察を受けている人のなかに、ジャーマン・シェパードを飼っている人がいる。そのイヌは飼い主の子どもを守ろうとする傾向が強いため、もし近所の子どもが自分の子どもを恐がらせそうなときには、あまり激しい遊びをさせないようにしていた。幸いなことに、そのイヌは状況を十分に理解していたらしく、近所の子どもたちに危害を加えたり、あるいはその子らを怯えさせるようなことはしなかった。だが、理解力の足りないイヌの場合、ケガをさせることはないとしても、近所の子どもたちを脅すことはよくある。イヌに悪意があるわけではない。ただ、あまりにも衝動的だったり、十分に情緒が安定していなかったり、理性的でなかったりするため、完全に信頼がおけるとは言いがたいのである。ほとんどのイヌが生物学的には不安定な存在である。近所の子どもを脅すのは、イヌの性質の一部であって、イヌに責任があるわけではない。穏やかな性格のイヌが、赤ちゃんを運ぼうとしたさい、頭をかみ砕いてしまったという生物学的偶発事故と同様である。本来、こうした性質はイヌには多分にある。イヌは、人間による家畜化の生活に完全に適応したわけではないのである。

敏感な反応を示すイヌといっしょにいると、子どもは仲間意識と安心感を抱くようになる。イヌがあいさつのようなしぐさをすると、子どもはイヌを大切でいとおしい存在と思うようになる。あるいは、イヌが病気になったりすると子どもは相手の身になって考えたり、悲しいことが起こったとき、イヌが親切な態度で応じると、子どもは共感を覚えるようになる。愛情をもって接しているイヌが素直に従うと、子どもは自尊心を高めるようにもなる。ようするに、イヌという動物の愛情を通して、子どもは思いやりのある人間になるし、動物への敬意を身につけるのである。もしも、動物とふれあう機会を完全に奪ってしまったら、思いやりや敬意を払うことはほとんどないといってよいだろう。

13 イヌの権利と飼い主の責任

四つの原則

正確に理解すること。ふさわしい環境を用意すること。正しい繁殖を心掛けること。適切な食事を与えること。この「四つの原則」は、予防獣医学とイヌの健康管理のうえで欠かすことのできないものである。これは、人間の管理のもとにあるすべての動物にとって、基本的な権利でもある。

ここに掲げた「四つの原則」は、相互補完の関係にあり、また協力して効果を発揮するものである。つまり、このうちのある原則が多少欠けていたとしても、残りの原則を十分にほどこすことでイヌの健康維持をある程度は図ることができるというわけである。しかし、これも程度の問題であって、どれか一つがあまりにも極端に欠けたり、それぞれがいっしょになってはたらかなかったりすると、イヌの健康を維持するのはむずかしい。たとえば、不安定な気質のイヌ（あやまった繁殖の結果かもしれない）を抱えて悩んでいる飼い主が、イヌを正確に理解するという原則を完全に無視すると、悩みは消えるどころかますます増えるにちがいない。また、代謝やホルモンの異常といった遺伝的な疾患をかかえているイヌに、適切な食事を与えるのを怠ると、深刻な影響をおよぼすことがある。

このように、「四つの原則」はどれもが深く結びついていることがわかる。そのうちの一つ、正確に理解するというのは、動物の行動や精神的な欲求を知って、それを満たしてやるということである。いいかえると、その動物がわたしたちの世界にうまく溶け込むように、またわたしたちと精神的な深い絆を結べるように育てるということでもある。ただし、動物を甘やかしてはいけないし、逆に無関心な態度もよくない。もちろん、無理に服従させようとしたり、身体的、精神的な傷を負わせることは避けなければならない。

つぎに、ふさわしい環境とは、その動物が身体的、精神的な要求を表現したり、満たしたりするのに必要な環境を用意するということである。このさい、人間の家庭生活に対する動物の適応性をそこなわないような方法でおこなうことが大切である。それには、一匹ではなく二匹のイヌを飼うなどの工夫をして、動物がお互いに体を動かしたり遊んだりできるようにするとよい。また、いろいろな玩具を与えたり、屋外の飼育場、あるいは囲い、そして安心して休息できる場所を与えることである。

適切な繁殖とは、障害をもった動物が生じるのを注意して防ぐということである。そのような障害は、たとえば近親交配し、純血のイヌがもっている特異な特質を選択育種したことで起こる。とるべき道は、混血種であれ、純血種であれ、そのような異常(異形)があまり起こりそうにないイヌを飼うことである。障害をもったイヌは必要のない苦痛を味わうことになるし、病気にも罹りやすいからである。

最後に、適切な食事とは、その動物のために健康によいバランスのとれた食べものを用意するということである。もちろん、品種や体格、気質、年齢によってメニューは異なるだろう。また、成長段階にあるとか、妊娠中や病後の場合などでは、食事の内容を変えなければならない。

獣医学専攻の学生ばかりでなく、イヌの飼い主や繁殖にたずさわっている人も、ここで述べた「四つの原則」はぜひとも心に留めておいていただきたい。動物はわたしたちに、親密なつき合いからはかり知れない恩恵や絶対的な愛情を与えてくれる。したがって、イヌを正しく理解し、ふさわしい環境を整え、適切な繁殖や食事を心掛けるのは当然ではなかろうか。「四つの原則」はコンパニオン＝アニマルの基本的な権利である、という認識も必要だろう。この心掛けしだいで余計な苦しみを味わわなくてもすむし、幸せに暮らすことができるからである。

なりゆきまかせはやめよう

動物が病気になると、迷信とはいわないまでも、「そのうち自然に治るだろう」と考える飼い主が少なくない。このような飼い主には、自然は何もめんどうをみない、ということがなかなかわかってもらえない。野生動物は自ら病気を治そうとする。薬草を食べたり、食事を制限したり、休息をとったりするのである。あるいは、仲間同士で治そうとすることもある。たとえば、病気になったりケガをしたオオカミがいると、仲間のオオカミが食べものを与えたり、グルーミングをしたりするのである。

わたしたちのまわりにいるイヌたちは、完全にわたしたちの環境が創りだしたものである。したがってイヌが病気になったり、ケガをしたときには、「自然のなりゆきにまかせる」べきでない。獣医による処置が必要になったら、できるだけ早くイヌを連れていく責任がわたしたちにはある。
写真提供 Evelyn M. Shafer

飼っているペットがケガをしたり、病気になっても、自然にまかせるばかりで何も手当てをしないのは、このうえなく無責任な態度であるとわたしは思う。家のなかで飼うペットは自然な暮らしをしているわけでも、自然の一部でもないのだから。

治癒を自然にまかせるという態度には、「わたしは何もしたくない」という意図がみえる。病気になったイヌにいちいち悩まされたくない、と考えているので、多少わずらわしくても放っておいたほうが都合がよいのである。

わたしの考えと獣医師一般の考えとでは、くいちがう点もある。しかし、飼い主のあいだに「治癒を自然にまかせる」という誤った考えが広く見受けられるという点では一致している。けっして獣医は、イヌを手当てしたほうが儲かると思っているのではない。動物には少なくとも一つは権利があると考えている。それは、病気になったり、けがをしたりしたら、獣医に適切な処置を受けることができるという権利なのである。

毛と肌の手入れ……美と野獣

シエラネバダ山脈西部の砂漠を、一匹の美しいコヨーテがゆっくりと横切るのを目にしたことがある。それほど昔のことではない。その光沢のある毛は、地平線近くの朝日を浴び、磨きのかかったブロンズ、あるいは黄金でできているかのようであった。野生動物には生気がみなぎっているが、健康状態はその毛の質からはっきりとみてとれる。わたしたちがペットの毛を、きれいな艶のあるものに保ちたいとする理由の一つはここにあるのかもしれない。たしかに、薄汚れた

こんにちわたしたちの社会には、欲しがる人のいない動物が非常に多くいるが、アメリカにいるこの典型的なパリア犬はその代表といえる。家がなく、世話もしてもらえない動物は、高度に機械化した社会では独力で生活できない。しかし、パリア犬は、わたしたちが彼らの個体数を抑制するよりも速い速度で繁殖しているのである。
写真提供 HSUS

このチベタン・テリアは、交配にしても訓練にしても、また世話にしても最高の状態であったことを物語っている。このみごとな動物は、イヌの身体的、感情的な要求に対するわたしたちの責任の大きさを象徴している。幸運なこのイヌの状態が、他のあらゆる動物にも及ばないものだろうか。写真提供 John L. Ashbey

毛をした動物をみても誰も喜びはしない。相手が人間とて同じである。つまり外観は、身体的、精神的な健康状態の指標となるのである。たとえば病気になったイヌは、グルーミングしなくなり毛の艶を失う。そして痛ましい印象の生き物になってしまう。意気消沈した人は自分の身なりに無頓着になることがよくあるが、それと似ている。誰もが身に覚えのあるように、たとえ無意識にしろ、わたしたちの身なりは、他人がどう感じるかだけでなく、自分をどう思っているかにも左右される。ていねいにブラッシングした美しい髪が自信や自尊心につながるのは、他人の好意的な視線が集まるためでもある。子どもに綺麗な服を着せ、その姿をみて人がほめてくれたときのことを思い浮かべてみるとよい。また、イヌを入念にグルーミングし、必要に応じて毛を刈ってやると人からほめられることがあるが、こうした他人の関心によって、わたしたちの自尊心が満たされる。少なくとも外観においては、健康的で生気に満ちた魅力あふれるイヌの存在を、わたしたちは満喫しているのである。

では、イヌの場合はどうだろう。見た目の美しさが、イヌの自尊心や健康状態に何らかの役に立っているのだろうか。ていねいにグルーミングし、美容をほどこしてやると、イヌの自尊心によい効果がある、と話してくれた人もいた。一方では、そうした考えは擬人的であり信じられぬ、という人もいた。つまり、自信や自尊心といった人間の感情がイヌにあろうはずがない、というわけである。いったいどちらの意見が正しいのだろう。

きちんと手入れしてやると、イヌの気分はよくなる。科学的で具体的な証拠をもって、入念な手入れの重要性をこれから証明してみたい。ていねいにグルーミングしたり、美容をほどこしてやることが、イヌの自尊心や自己イメージを改善できるかどうかは別問題である。わたしは、動物には自己意識があると考えているが、グルーミングそれ自体にはイヌの自尊心を高める効果がないと思っている。生き生きとした美しいペットを飼っていることをほめられると、飼い主の自尊心が満たされるのはまちがいない。べつにイヌを擬人化しているわけではないけれども、手入れのゆきとどいたペットは、人から十二分に大きな関心を寄せられるのを満喫しているようである。

品評会に登場するイヌをみていると、その美しい姿に集まる観衆の視線を楽しんでいるようである。だが、イヌ同士では、見た目の美しさはさほどたいした問題ではないだろう。それよりも、においのほうが重要な意味をもっているようである。イヌは、家畜化された動物として人間社会で暮らしているので、自分の体がきれいであれば人の注目を集めるということを学ぶのである。たったいまブラッシングしたばかりのプードルにさわりたくないという人はまずいないだろう。また、きちんと頭部の毛の手入れをしたシュナウザーや、軟らかく艶のある毛をしたアイリッシュ・セッターが飼い主と歩いているのをみて不快に感じる人も少ないはずだ。「美しいイヌを飼っていらっしゃいますね」。飼い主に向けられるこうした賛辞に、やがてイヌも敏感に反応するようになるだろう。

グルーミングが動物の健康に効果があるという科学的な証拠については、わたしの書いた『癒しのタッチ』のなかであきらかにした。ようするに、マッサージと同様、グルーミングにも血液の循環や皮膚の毛嚢《もうのう》を刺激し、抜け毛、死んだ毛やふけを取り除く効果がある（そして周期的に換毛する)。また、グルーミングすると、動物の毛嚢、あるいは毛根の脂腺から天然の油が分泌され毛に艶が出る。それだけではない。血液やリンパ球の循環を促進するため、老いた動物や病みあがりの動物に有益である。マッサージをしてもこれと似た効果がある。このような刺激は動物の健康によいだけでなく、毛の成長促進にも有効である。グルーミングや愛撫には、ほかに気分を落ち着かせたり心拍数を減少させるはたらきがある。『癒しのタッチ』のなかで紹介したように、心地よさを動物は感じているのだろう。幼い動物や病気を患っている動物にとっては、ある種の肉体的、精神的ストレスを和らげ、克服する一助にもなるだろう。わたしが飼っている二匹のイヌは、ブラシでていねいにグルーミングしてもらえるとわかると、わたしのもとに走ってくる。いかにグルーミングが気に入っているかという証拠でもある。

疑い深い人は次のように言うかもしれない。「野生の近縁種は、グルーミングしてくれる相手などいないのに、毛並みがよい状態に保たれている。したがって、イヌに美容をほどこす必要などない」と。しかし、野生下での動物やその生活状況を、わたしたち人間の環境に照らし合わせて考えるわけにはいかない。わたしたちは、野生種とは遺伝的に大きく異なるペットを飼っているのである。野生下の動物は、健康や外観を保持するために何ら助けを必要としない。毎日活動的に狩りをしなければならないので、しなやかで状態のよい毛を保っている。それと同時に、冬には毛を厚く豊かにしたり、夏には少なくしたりしている。動物を室内で飼うと、毛の季節的な再生リズムを乱すことがある。人間はイヌの遺伝的な特性を変質させたため、なかには異常に長い毛をもつものや、毛が生え換わらないもの、あるいは年間を通じて厚い下毛をもつものもいる。

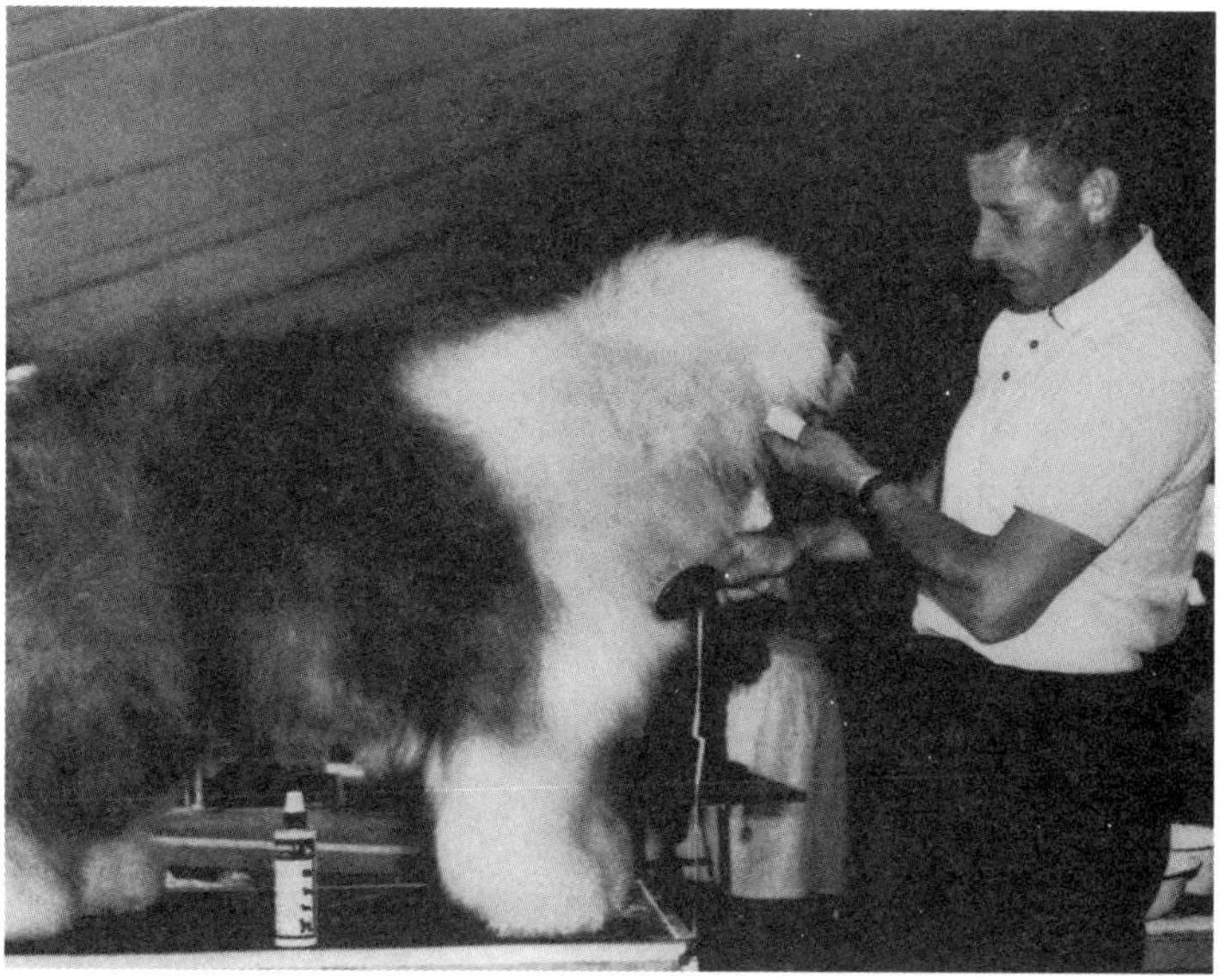

どんなイヌにも、またわたしたちにも、グルーミングは欠かせない。写真のオールド・イングリッシュ・シープドッグのように生まれつき毛の豊富なイヌには、ジャーマン・シェパードやビーグルよりも注意を払う必要がある。イヌを選ぶさいには、あなたがどの程度グルーミングする気があるか、まえもって確認しておこう。
写真提供 Evelyn M. Shafer

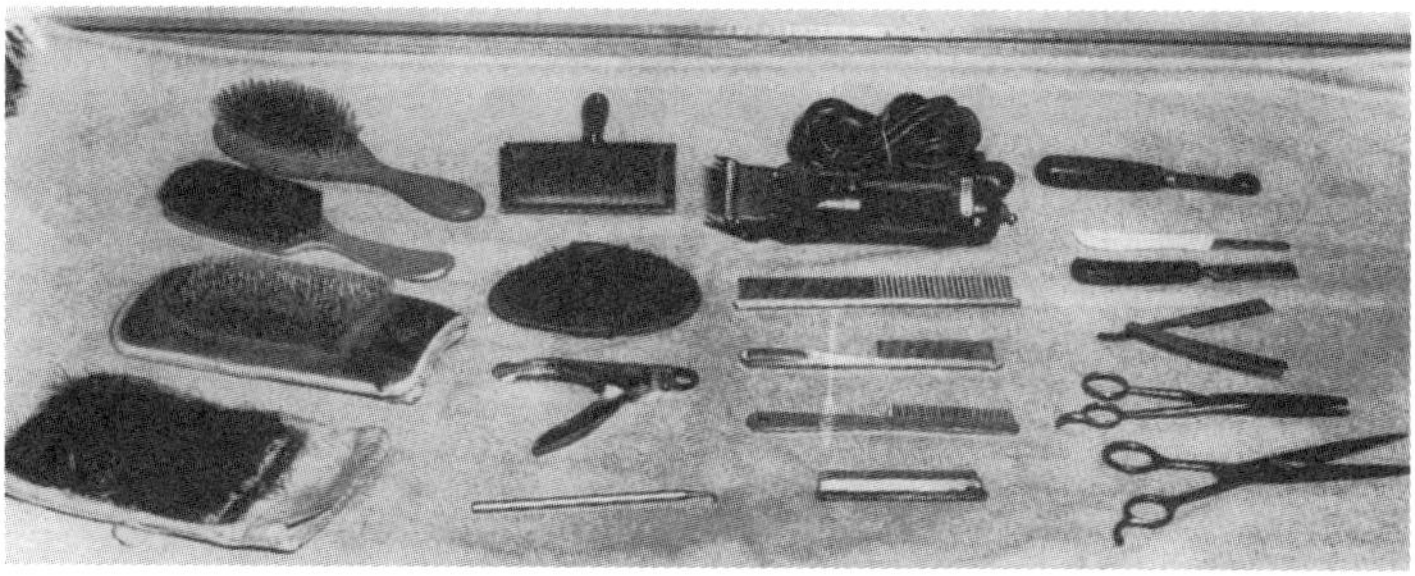

わたしたちの手に入るグルーミングの道具はほとんど無数にある。あなたが必要とする道具は、飼っているイヌの毛の種類や、したいと考えているグルーミングの種類によって決まるだろう。ブラシや爪切り、歯石とりといった道具は、どのイヌにも必要なものである。写真提供 Evelyn M. Shafer

このように、室内での飼育や遺伝的な変化のために、ほとんどのイヌには毛をよりよい状態に保つ手助けが必要となるのである。またイヌは、狩りをせず、天然の食べものを食べようとしないばかりか、加工された市販のドッグフードや残飯を与えられる生活に慣れきっている。だが、食べものはイヌの外観にかなりの影響を与えるのである。栄養のあるものを与えると、確実に艶のある毛になるが、これについてはいずれ詳しく述べることにしよう。さて、毎日グルーミングしてやり、数週間ごとに美容（これについてもこのあとで解説する）をすると、さまざまな効果がイヌに生じるようである。たとえば、イヌには特有の強いにおいがある。ていねいにグルーミングし美容を施すことでこのにおいを抑制できる。あなたがこの強いにおいに慣れているとしても、訪ねてきた人はイヌの皮膚や耳のあたりから出るこの特有のにおいを不快に感じるかもしれない。

絡まりやすい長い毛のイヌには毎日のグルーミングが欠かせない。でないと、耳の下や、とくに後ろ足や尻尾、腹部にそった長い房毛は、毛がもつれて「毛玉」ができやすい。わたしが獣医をしているころには、イヌに麻酔をかけて、毛のもつれや毛玉を取り除いたことがたびたびあった。もつれや毛玉は、イヌにとってかなり不快であるし、皮膚をきちんと空気にさらすことができなくなることもある。また、皮膚病の原因となることもある。このようなペットの飼い主はきまって、イヌがグルーミングを嫌がるとか、手に負えないなどとこぼしていた。だからといって、ていねいにグルーミングするたびに精神安定剤や麻酔をイヌにかけたのでは、健康を損ねる恐れがある。たびかさなる治療は、肝臓障害の原因になるし、麻酔の効果もなくなってしまう。しかし、グルーミングしようとしたり、毛玉や房毛を短く切り取ろうとするさいにイヌが怖がったり、攻撃的にふるまうようならば、治療するほかに手のほどこしようがない。ただし、簡単な解決策がある。とくに長い毛の品種では、子イヌのときからすぐにグルーミングしてやり、定期的なグルーミングに馴れさせるのである。グルーミングや身体への接触に早い時期から慣れていれば、イヌは進んでグルーミングを受けるようになるし、成犬になってからも身体に触れられることに抵抗を示さないだろう。イヌは、グルーミングしてもらいたいほうを上に向けて横たわることがあるが、このとき無理に起き上がらせたり立たせたりするのはよくない。まず体の片側からグルーミングをはじめ、素早く前後の足をもって反対側にひっくりかえし、同じことをおこなう。なかには、尾のつけ根、つまり腹部のグルーミングを嫌がるイヌもいる。こうした敏感なイヌの場合、とくに感じやすい部位は素早くおこなったほうがよい。さもないと、引っ掻かれることがあるし、なによりグルーミングを嫌がるようになる可能性もある。

グルーミングしていると、イヌの体の異常を発見することができる。たとえば、治療が必要となるような皮膚の腫れや発疹、かさぶたのような部分などである。定期的にグルーミングしている飼い主ならば、イヌのこうした異常をいち早く見つけることができる。早く異常に気がつけば、何週間も気づかずに放っておくよりもはるかに獣医の効果的な治療が期待できる。ときには、イヌの生死を分けることだってあり得るのである。

グルーミングに使う櫛には人によって好みがある。わたしは両面ブラシを使うことが多い。片面には硬い毛が、反対の面には金属線がゴムに埋め込まれているものである。グルーミングするにあたり、まずイヌを呼びよせ、落ち着かせる。そして安心させるために頭のまわりを撫でてやる。そのうえで、指でイヌの背中をきつく数回擦り、抜け毛を取り除く。それから柔毛を指でおしてほぐしてやる。これを尾から頭へと移動させる。

とくに冬になると、空気が乾燥して「静電気」が生じやすい。このような場合、わたしは指、あるいは櫛を湿らせる。そしてウールの膝掛けや、綿のタオルでイヌを擦るだけにしている。電気的なショックによるイヌの苦痛を避けるためである。冬、ナイロン製のカーペットの上にいるイヌに激しいブラッシングや指によるマッサージをすると、イヌに帯電し電気的なショックを与える原因となる。

指で柔毛をほぐしたあと、わたしはゆっくり、深く、長いストロークで頭部から尾までをグルーミングしてやる。もし、あまりにも毛が抜けるようであれば、背を短いストロークでグルーミングし、ブラシに絡まった毛をときほぐす。長い毛のイヌの場合、わたしはブラシを体の外に向かって捩じるようにして、外皮のあらゆる部分をブラッシングする。毛にボリュームをもたせるためと、毛が絡まないようにするためである。柔毛が静電気を帯びるようであれば、毛のもつれを防止するためにブラシをわずかに湿らせることにしている。

長く、しかも絡まった毛は、指か櫛でほつれを解く。ステンレス製の櫛だと申し分ない。くれぐれも、針金のブラシをイヌの顔の近くで使わないように。イヌの目を突いてしまう危険性があるからである。わたしは、イヌの顔のあたりはいつもブラシの毛の側を使うことにしている。そして、毛に艶を出すために、背をブラシの毛の側できびきびとブラッシングする。

もし膝や肩にある骨の突起にブラシが触れたときには、イヌにお詫びの言葉をかけることにしている。そして、撫でてイヌを安心させるのである。ブラッシングが終わると、床に落ちた毛を掃除機で掃除するが、静電気でなかなか床から取れない場合には、湿ったスポンジで拭き取ると、簡単に掃除できる。

イヌが自分の毛に息を吹きかけることがあるが、これは断熱効果のある厚い柔毛や下毛を取り除こうとしているのである。このような行動がみられるときには、けっしてブラシの針金側を使って強く掻いてはならない。皮膚過敏症になる恐れがあるからだ。まだ毛が抜けきっていない部分には、激しいブラッシングは禁物である。毛の生え換わりパターンは、はっきりと見てとれる。まず足や腿の毛から抜けはじめ、徐々に背中に移る。こうした部位をていねいにブラッシングしながら、毛が生え換わるのを待とう。わたしは、イヌの下毛が抜けはじめたら、その毛を引っ張るか、あるいは鉄製の櫛で捩じるように毛を取り除くことにしている。下毛の上部に長粗毛があるイヌの場合、毛が抜けると、長毛は下毛にからまりやすい。このようなもつれは、指か鉄製の櫛を使うと解きやすい。もしもつれがひどい場合には、ハサミを使ってそのもつれを切りとることになる。

抜けた下毛を取り除かないで、うっかりイヌを水に浸す人がいる。だが、毛は水に濡らすと、下毛が抜けやすくなる。また、毛は湿っていると絡まりやすい。したがって、毛が抜けている時期のイヌは、グルーミングしないうちに水をかけないほうがよいと思う。

どの程度の頻度でイヌの体を水で洗えばよいだろう。水浴びは、美容の一部であるが、イヌのにおいが強いときや毛が極端に油っぽいときに限り水で洗う（テリアやその仲間などがとくにそうであるが）。あまり頻繁な水浴びは避けるべきである。毛の状態をうまく保つはたらきをする油分を多量に取り除くことになってしまうし、毛が乾き、艶を失ってしまうからである。また、皮膚にいるバクテリアの微妙なバランスを崩してしまいかねず、皮膚病に罹りやすい。屋外で生活しているイヌには、まれに水浴びさせる程度でよい。皮膚の油が雨や寒さから身を守るはたらきをするからである。

水浴びの最中にイヌがもがくようであれば、この仕事をこなすのもむずかしくなるし、なによりイヌが次から水浴びをいやがるようになりやすい。たしかに、水浴びを楽しい経験にするのはむずかしいことである。じっさい、子どもの入浴時には、浴槽で遊べるようにゴム製のアヒルや玩具を用意したりする。まず、安心させるような声でイヌに話しかける。そして、洗面台、あるいは浴槽にかならずゴム製のマットを用意する。イヌの足が濡れているときに、滑ってパニック状態に陥るのを防ぐためである。また、温水につけ込むのはよくない。まずはイヌを落ち着かせ、スポンジで体をゆっくりと湿らす。しっかりとシャンプーで体を洗い、数分間は「お座り」をさせ、十分に濯ぐ。石鹼の泡は腹部に溜まりやすいので余分に濯ぐ必要がある。

わたしは、イヌを洗うときには刺激の少ないシャンプーを使う。はじめに温水で体を洗い、そしてシャンプーでこする。屋外ではホースで温水を出し、屋内の洗面台や浴槽ではイヌを立たせたままで濯いでもよいだろう。石鹼や水が耳のなかに入るのを防ぐために、両耳に綿栓をするのもよい。目のまわりに少量のワセリンを塗ると、シャンプーが目のなかに入らないですむ。とくに、顔が毛で覆われた、毛の多い品種には効果がある。

ブルドッグやブラッド・ハウンドなど皮膚に「しわ」の目立つイヌは、十分にシャンプーで洗い、徹底的に乾かす必要がある。こうした「しわ」はいつも皮膚のトラブルのもとになるからである。皮膚のトラブルが少ないイヌで、ノミのついたものには、レモンシャンプーを使うと、夏にはノミを取り除いたり、寄せつけない効果があり、虫に刺されずにすむ。レモンシャンプーの作り方を紹介しよう。一個のレモンから皮だけをむき、それを切り刻む。切り刻んだ皮を、四リットルの沸騰したお湯に入れ、一晩置くのである。いつものシャンプーで体を洗ったあとでこのレモンシャンプーをつけ、一五分間ほど待つ。そしてタオルかドライヤーで体を乾かす。なお、ノミを追い払うには、一週間おきにこの作業をくりかえす必要がある。

耳の掃除には、温かいオリーブオイルかベビーオイルを使うと効果がある。多すぎたときには綿棒で取り除く。耳介でもつれそうな毛があれば刈り取ったほうがよい。これは毛深いイヌによくあるやっかいな問題である。耳が汚れていやなにおい（イヌ独特のにおいの原因にもなる）がするときには、獣医から耳垢洗浄剤を購入し、耳垢を取り除いてみよう。

このほかに、タルカム＝パウダーを毛に擦りつける方法もある。このタルカム＝パウダーは、一〇〜一五分間、毛につけたままにしておいてから払い落とすとよい。過剰な油分やイヌのにおいを取り除くのにすぐれた方法である。ただし、足の指のあいだにタルカム＝パウダーをつけるのをお忘れなく。足はとくに強いにおいを発するからである。

イヌの足の指のあいだにある長い房毛は刈り取ったほうがよいだろう。絡みあって、炎症や指間の皮膚病の原因になるからである。下顎や下腹部、足の長い房毛も刈り取ったほうがよいと思う。わが家のベンジーの場合、こうした房毛を刈っている。冬、毛が濡れて絡まり、指のあいだに氷の玉ができないようにするためである。冬季に不凍剤がまかれた道を歩いたら、イヌの足はかならず洗うことである。塩分が足を傷めるからである。余分な房毛を取り除くと、夏場には体が高温多湿になるのを防ぐし、炎症の拡大や大麦のノギが毛に絡まる機会も少なくなる。じっさい、大麦のノギは皮膚に刺さり、激しい炎症の原因となる。ひじょうに厚い毛をしたイヌは、夏には毛を刈って暮らしやすくしてやろう。

ここまで、体を洗うことと毛を刈ること、そして耳を掃除することについて述べてきた。毛の艶を出すために、グルーミングするまえにおこなう最後の美容は、目を清潔に保ち、足指の爪を切ることである。まず、目の清潔を保つには、普通の水を使ってはならない。薄いホウ酸溶液か、わたしたちが使う目薬を用意する。顔一面を長い毛で覆われたイヌの場合、毛を刈るか、慢性の目の病気にならないよう長い毛を後方で結んでおく。イングリッシュ・シープドッグなど、どんな品種でも、いかに見た目がかわいくても長い毛が目を覆っていたのでは、物を見ることができない。これでは目の病気や光への過敏症状をまねいてしまう。

足の爪を切るには、特殊な爪切りを使う。これは、近くのペット用品店でブラシや櫛、シャンプーなどといっしょに購入できる。ほとんど屋内で暮らしているイヌの爪は、十分に磨耗することがない。したがって、頻繁に爪を切らなければならない。また、親指や上指の爪も調べてみよう。もしこの爪を切ってないと、肉趾のほうに伸びて痛みや跛行の原因になるからである。イヌの足を地面に平行に置いたとき、ちょうど地面に触れる程度に爪を切る。あまり爪の下のピンク

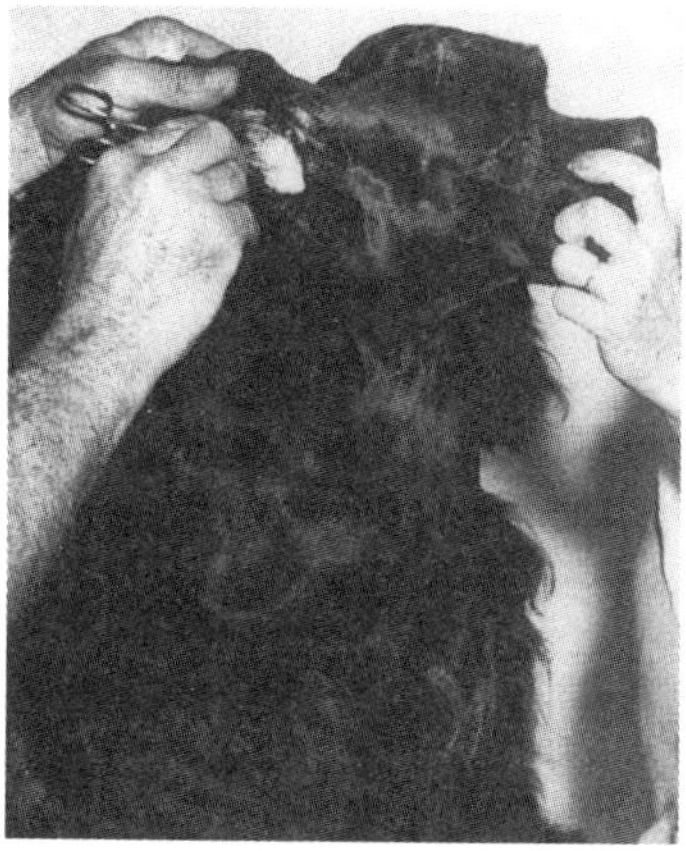

耳は定期的に調べてみるべきである。そして耳の掃除が必要なときには、やさしくおこなう。耳の感染症はなかなか治らないことがあり、その兆候がみられたら、かかりつけの獣医に急いで診察してもらおう。写真提供 Evelyn M. Shafer

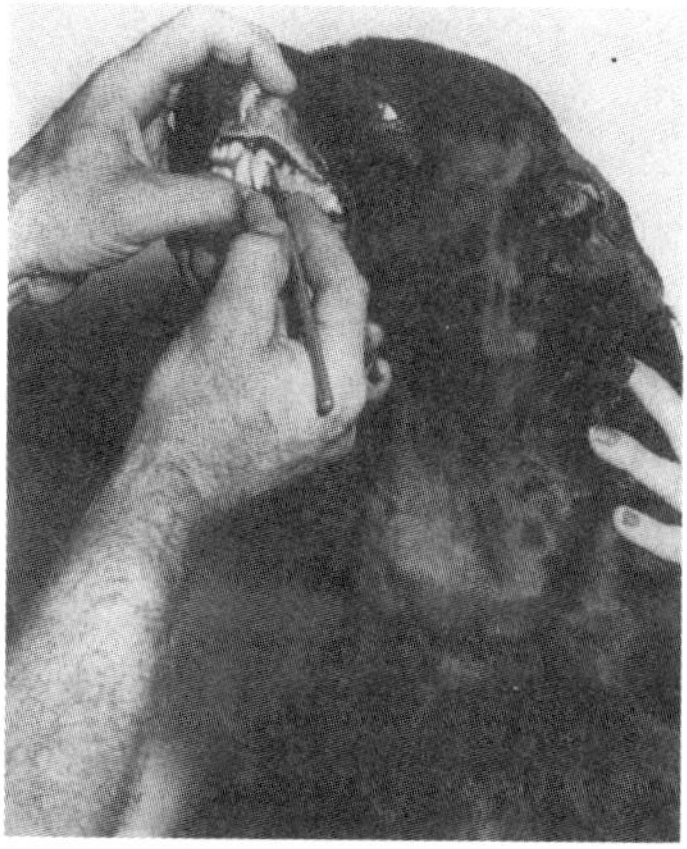

わたしたちと同じように、イヌも歯垢が増えるとすぐに歯石の硬い層ができてしまう。そこでイヌの口腔衛生についてや、手入れしないことで起こる問題を防ぐにはどうすればよいか、獣医に尋ねてみよう。写真提供 Evelyn M. Shafer

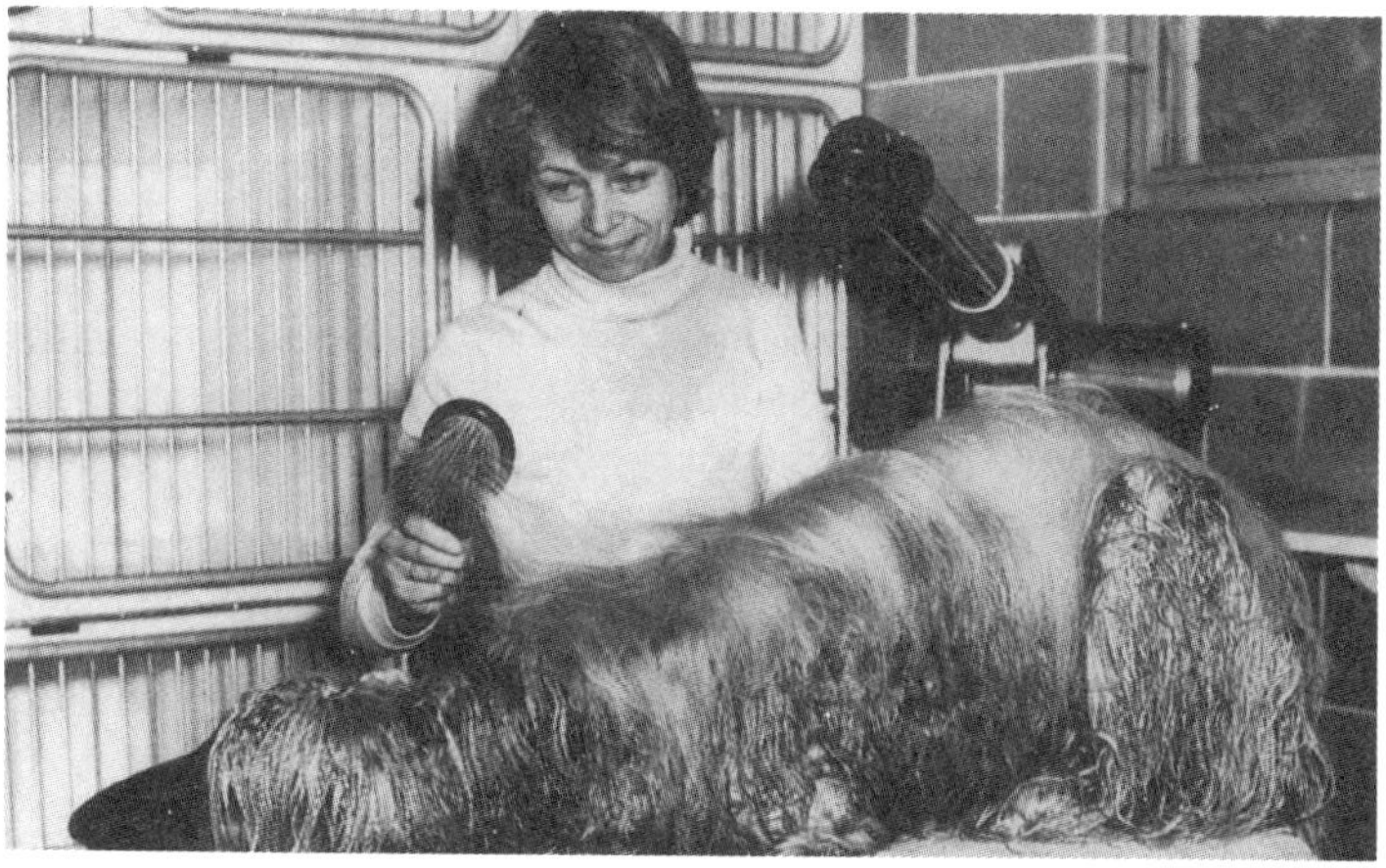

入浴のあとでアフガン・ハウンドの毛を乾かしているところ。入浴の回数は、飼っているイヌの毛や体の生理的な状態、イヌや飼い主の要求によって決まる。
写真提供 Evelyn M. Shafer

色をした生き身に近いところで切らないよう注意する（黒い爪のイヌだとわかりにくいので気をつけよう）。不用意に切ると、痛みや出血の原因にもなる。出血は、少量の血液凝固剤、あるいはただ指先で数分間おさえるだけでも止まる。

最後に、イヌの歯を調べてみる。歯石を取り除くために歯の掃除は欠かせない。もし奥歯に褐色の歯石のようなものがあったら、獣医に診察してもらう。歯肉を刺激し、歯を清潔に保つには、一本か二本の指にガーゼ、あるいは包帯を巻きつけ、歯や歯肉の周辺を擦る。とくに小型犬では、毎日の歯の衛生管理が必要となる。これは、定期的な美容の一部とは別のことがらで、身体のサイズの小さなイヌや、鼻づらの短いイヌを創り出したことで生じた問題でもある。

不十分な食事の影響は、イヌの毛の質や全身に確実に現れる。もし、乾燥して艶のない毛であれば、食事のなかにアマニやヒマワリ、ベニバナといった植物性の油がさらに必要になるだろう。体重一四キログラムあたり大さじ一杯の油を毎日与え、毛の状態が良好になったら、その量を体重一四キログラムあたり小さじ一杯に減らしてみる。固形の餌には、高度不飽和脂肪酸の割合が少なく、逆に炭水化物が多く含まれている傾向がある。そこで、食事のなかに油脂を増加させるために植物性の油を加えたうえに、高タンパクの缶詰食品を与えてみるのもよい。ビタミンＡやＤ、Ｅの錠剤を数錠与え、粉末の海草や醸造酵母[1]（体重一四キログラムあたり小さじ半分の量を徐々に与える）を加えてみると、体内の美容に徐々に効果が現れるだろう。それでも、慢性的に毛がみすぼらしいままであれば、獣医の診察が必要になる。ホルモンのアンバランスか、寄生虫の体内への侵入が原因なら、食事では治せない。イヌが疲れた様子であれば、この二つの要因を考えてみるとよい。

イヌの毛を刈ることは、イヌの健康にとってときには必要なことも、逆に必要でないこともある。しかし、飼い主にはなかなかこの判断がしにくいし、最初はどちらでもたいしたちがいはないと思いがちである。だが、イヌにとっては、たいてい重要なことなのである。

獣医を訴えるのでアドバイスが欲しい、とある女性から手紙をいただいたことがある。その獣医が彼女のペットの毛をパッチ状に刈り取ったため、そのイヌの毛は、ところどころに穴があいたような恰好になり、見苦しかったらしい。毛が生えてくるまでは他人にみられるのをさけたがっていた。だが、そのイヌは軽い皮膚病に罹っていたのである。彼女は、患部に注射を打ったり、ある種の軟膏を塗れば、皮膚病を治すことができたのに、と考えたのである。

だが、皮膚病の拡大を防ぐためには、広範囲にわたり毛を取り除くべきである(1)。はれている個所やそのほか異常を示している皮膚の上に毛がかぶさっていると、バクテリアの繁殖に恰好な場所となる。とくにブドウ球菌による疾患では、悪臭を放つ膿が出たり、傷や炎症、他の慢性的な病気の回復を妨げることがある。毛を刈り取れば、それだけ皮膚の異常の回復も早くなるのである。

毛の長いイヌの後ろ足の毛は刈り取るのが賢明といえる。とくにそのイヌが肥満になっていて、自分では簡単に手入れできない毛は取り除いたほうがよい。そうすれば、不快の原因となる毛の絡まりを防ぐこともできる。もし、この毛の絡まりに尿がしみ込んだら、不快なにおいばかりか伝染病の原因にもなり得る。イヌの毛を取り除いたり、イヌの健康を保つことより、イヌの容姿にこだわる人がなんと多いことか。不思議でならない。

定期的なグルーミングの効果

定期的にグルーミングし、皮膚や毛の状態に気を配るのは、哺乳類をコンパニオンとしている飼い主の責任である。とりもなおさず、これは「権利」の一つでもあるうえ、はかり知れない効果もある。わたしが書いたマッサージ治療に関する本、『癒しのタッチ』のなかで紹介したように、つがいや親と子のあいだでおこなわれる社会的なグルーミングには、絆を深める機能がある。また、グルーミングによって心拍数は著しく減少する。つまり、「くつろぎの反応」を示すのである。

イヌのような社会性の強い動物は、お互いに定期的なグルーミングをたびたびおこなう。したがって、適切かつ定期的なブラッシングや、あるいはたまの水浴びなどを楽しむのは、コンパニオン＝アニマルにとってごくあたりまえのことなのである。しかし、とくに仲間との接触ができない状態におかれたイヌの場合、わたしたちヒューマン＝コンパニオンがグルーミングしないのは残酷なことである。人間とだけで暮らしているイヌよりも、仲間のイヌと同じ屋根の下で生活しているイヌのほうが、幸せで健康的な暮らしをしていることが多いのはそういうわけである。

たまに愛撫してやるより、グルーミングしてやるほうが、生理的にみて効果的なくつろぎの反応が現れる。グルーミングは、コンパニオン＝アニマルとの深い絆を築くばかりでなく、コミュニケーションや愛情表現（心の交流といいかえてもよい）をするのにもすぐれた方法といえる。

グルーミングによる生理的な効果や精神的な刺激はまた、動物の健康や免疫システムを改善するはたらきをする。くつろぎ反応には、負担のかかった副腎皮質のストレス応答システムを休ませる機能があるからである。肥満で不活発なイヌには、多少なりともストレスがかかっていることが多い。したがって、しっかりとグルーミングしてやることが「ストレス解消」になるし、そのあとでゲームや野外での運動をすると、イヌは遊びや探索に熱中するようになるだろう。

環境（とくに人工的な熱や明かりなど）によって、本来の季節的な換毛や毛の成長周期を乱されたり、なかには毛の色素にまで影響を受ける動物もいる。屋内で生活しているいわゆる室内犬に規則的にグルーミングする必要があるのは、このように、たえず毛が生え換わり、成長しているからである。

遺伝的に変化した毛には実にさまざまなものがある。たとえば、長いものや縮れたもの、綿毛のようなもの、あるいはけっして生え換わらないものやいつまでも成長をつづけるものなどバラエティーに富んでおり、特別な手入れや専門家の助けを必要とするものも少なくない。このように、わたしたちが遺伝的に改変した毛をもつイヌは、おそらく野生においては長く生存することは無理だろう。したがって、こうしたイヌの毛を手入れしたり、グルーミングしてやることは、わたしたちの責任でもあり、道徳的な義務でもある。イヌのグルーミングの欲求をきちんと満たしてやらないのは、残酷きわまりないことなのである。

遺伝的に変わってしまったイヌや、肥満になったり、高齢になったり、または関節炎や慢性の病気を患ったイヌは、自分できちんと毛の手入れをすることができない。わたしたちが特別の手入れをし、頻繁に水浴びをさせる必要があろう。

(1) 次のような場合には、イヌが傷口をなめないようにしたほうがよい。つまり、過度になめる場合や病気の回復がおもわしくない場合である。唾液は、ふつう傷の回復や感染症の回復を早めるはたらきをする。

[1] ビールなどの酵母。ビタミンB複合体が採れる。

14 末永くイヌとつきあうために

まずは、わたしが診察したなかから一つの実例を紹介しよう。いまでもこのケースを思い出すたびに、飼い主に怒りと不満を覚えることがある。診察したイヌは、九歳の雌の雑種犬だった。ふだんはおとなしく賢いイヌだったが、不意に攻撃的な行動をとることがあるというのでわたしのもとに連れてこられた。そのイヌが唸ったり噛みつこうとする（しかし、いままでじっさいに噛みついたことはない）と、飼い主は厳しい罰を与えていたという。そのようなしつけは役に立っていないようだった。

そのイヌを診察するうちに、どこに問題があるのかわかった。つまり、耳の周辺にひどい炎症を起こし、慢性的に化膿していたのである（あとでわかったことだが、大麦のノギが耳に刺さっていた）。そのためイヌは、愛撫されることも頭部に触られることも嫌がり、そのたびに飼い主に叱られていたというわけである。

このケースほどひどくはないとしても、わたしたちは知らず知らずのうちにペットを不幸にしていることがよくある。因果関係については、じっくりと考えてみる必要がある。そうすれば、残酷なことをして、イヌに悪影響を与えることを避けられるかもしれない。

先に紹介した実例からは、わたしたちがイヌについて無知であることを思い知らされる。この飼い主は、確固たる根拠もなしに、イヌの異常な行動の原因が身体的なものではなく、精神的なものにあると思い込んでいたようである。イヌが吠えて噛みつこうとしたとき、飼い主は自分が拒絶されたと感じたのはまちがいない。拒絶され、自制心を失ったため、飼い主は怒りにかられ、イヌを殴ったり、蹴ったりしたと考えられる。なぜ、イヌがそのような行動をするのかについて十分に考えもしないで、しつけを守らないからといってただ機械的に叱るというのは、柔軟性に欠けたやりかただと思う。不安にかられると、わたしたちはなにも考えずにとにかくイヌを叱ったりしがちである。

あらかじめよく考え、よく理解していれば、その飼い主は、イヌが耳のそばを触れられるのを恐がる理由がすぐにわかったはずである。動物が恐れると、それがきっかけとなって飼い主は不安になったり、傷つきやすくなったり、自制心を失ったりする。訓練士のなかには、「従順でない」という理由で、動物をひどく傷つけたり、殺してしまったりするものもいる。

イヌが排便のしつけを守らないとき、殴ったり、尿にイヌの鼻をこすりつけたりする飼い主がよくいる。だが、これは罰を与えるほどのことではない。動物が故意に反抗的な態度をとることは、ほとんどないといってよい。排便のしつけを守らないのは、膀胱の感染症か腎臓の病気といった身体的な側面や、飼い主の家族に赤ちゃんや新入りのペットが加わることによる阻止現象[1]、つまり感情的な要因などが引きがねとなっていることが多い。排便のしつけを守らないイヌに罰を与えるのがいかにまちがったことであるか、理解いただけたと思う。

ダックスフンドは、体の形が原因で背骨に関する問題を抱えやすい。病気がその問題の原因になることもあるし、傷害が発病の引きがねとなることもある。こうしたイヌが急に元気をうしなったら、その原因が身体的なものかどうか、詳細に調べてみるべきである。

ボーダー・コリーは、生まれついての小型愛玩犬ではない。活発な心と同様に活動的なイヌである。このイヌが幸せでいるためには、いつも動き回っていられるような場所で飼わなくてはならない。

愛撫されているときや、飼い主を迎えようとしているときなどには、飼い主の足元に放尿することがある。このとき、イヌを叩く飼い主をよく目にする。放尿するというのは、子イヌのときによくみられる服従のディスプレイなのである。つまり、飼い主に従うということなのである。このイヌの目には、飼い主が神のような存在として映っているだろう。ただし、罰するだけで何の理解もない、哀れみの心もない神として。

もちろん、かわいがるあまりしつけをしないのは、不適切なしつけ同様、イヌにとって好ましくないことである。いつも自分の思い通りにし、飼い主の言うことを聞かないイヌは、人間にたとえると、社会に適応できないわがままな子どもと似ている。適切なしつけは欠かせないのである。だが、不適切な、しかも一貫性のないしつけをイヌ（または自分の子ども）に対してしたり、あるいは過度に規制を加えたりする人が少なくないのが現状である。子どもを育てるにも、イヌを育てるにも、自制と相手への理解が不可欠となる。理解が足りないと、イヌに不必要な苦痛を与えることがある。たとえば、腎臓疾患や糖尿病に苦しむ年老いたイヌの場合、健康なイヌ以上に水を飲み、頻繁に排尿する必要がある。もし、屋外に出る機会がほとんどないと、このようなイヌは、家のなかであたりかまわず排尿するようになるだろう。この事実を知らない飼い主は、そんなイヌを叱り、水の摂取量を減らすにちがいない。つまり、冷酷で余計な処置をすることになる。

ダックスフンドを飼っているある夫婦が、わたしのもとに相談に訪れたことがある。妻はこう主張した。イヌが苦しがっているから二階に運んでソファーで横にさせよう、と。一方、夫の言い分はこうである。イヌはだだをこねていて、怠惰なだけで、わたしたちの関心を引くための演技である。どうやら、夫はそのイヌに嫉妬しているようだった。診察したところ、そのイヌは椎間板を悪化させており、獣医の治療が必要とわかったのである。

妻や夫がペットに関心を注ぐあまり、相手側がイヌに嫉妬するケースは少なくない。また、家庭内で「三角関係」に巻き込まれたイヌが、哀れにも虐待されることもある。人は気持ちのうえで、ペットをほかの人から遠ざけておきたがる。ある男性は、飼っているイヌを殺してやりたい、と言っていた。妻に近寄ろうとすると、きまってそのイヌがあいだに割り込むという。そして、妻は夫を拒み、代わりにそのイヌをなでるというのである。

イヌが跳び上がったり、吠えたり、お気に入りの玩具をくわえてぐるぐると跳ねまわったり、歩きまわったりする姿をみると不満を抱く飼い主がいる。しかし、そのイヌは実は飼い主の関心を引こうとしているのである。イヌの行動や要求、意図を理解すれば、イヌは飼い主のフラストレーションを楽しみに変えることができるし、わたしたちもイヌの性質を受け入れることができる。

イヌの虐待例のなかには、地域の動物愛護関連団体の調査を必要とするものもある。近ごろ、ある女性から手紙をいただいた。その内容は次のようなものである。その女性の隣人は、家に帰るなり叫び声をあげ、飼っているイヌを殴り、罵声を浴びせた。そのイヌが家のなかのものに噛みついたり、生ゴミを散らかしていたからである。そのイヌは、飼い主が帰宅するまでのあいだ、一匹で過ごしていたようである。飼い主が、出かけるまえや、帰宅してすぐにそのイヌとボール遊びや、タオルを使った綱ひきをしていれば、イヌのフラストレーションは解消され、退屈せずにすんだだろう。飼い主がいないあいだ一匹で過ごすイヌには、コンパニオンとなるネコを飼ったり、ラジオをつけたままにしておいたりするのも効果的である。このように、イヌの行動に不満を感じたり、怒ったり、あやまって解釈（擬人化）することは、イヌを虐待する原因にもなり得るのである。その女性のイヌには悪意はなかった。どうしようもなく退屈だったのだ。

この女性の飼っていたイヌはボーダー・コリーだったが、この品種はひじょうに活動的で敏感で、そのうえすぐれた知能の持ち主である。ほとんど体を動かせない生活や、長いあいだ室内に閉じ込められたままの生活には、まったく適していない。その女性は、結局イヌにふさわしい家をみつけ、基本的な要求や品種の特異性をうまく満たしてやることができた。

人類が長い時間をかけた品種改良によって、神にも似た完璧さをもって創出した労役犬やスポーツ犬は、わたしたちがいかに創造的に自然の潜在力（正確にいうと、遺伝的な「イヌらしさ」の形質発現）にはたらきかけることができるかを示している。このイヌの精神的な形質の発現は「イヌらしさ」、つまり自分らしくふるまう自由のなかにある。ボーダー・コリーはヒツジの番をするとき、目や耳から尾の先まで使って喜びを表現する。これは、与えられた仕事を楽しんでできるような品種をわたしたちが創り出せるという証拠でもある。したがって、ボーダー・コリーを屋内で飼おうとする試みは残酷な行為となる。ボーダー・コリーは体を動かす必要があるし、はたらきたいのである。また、はたらくよう強く動機づけられているから、動きたい、そこをよく理解して世話をしてやらないと、自らを傷つけることになってしまう。フリスビーやほ

イヌを飼うまえに、あなた自身が望んでいるものとそうでないものを知っておくことがもっとも大事である。イヌはじつに変化に富んだこと（身体的なものだけでなく気質も）をよく考えて、自分にふさわしいイヌを飼うための計画をまえもって立てておくと最善のスタートが切れる。もしあなたがグルーミングがきらいだったら、毛の多いイヌは飼うべきではない。あるいは、あなたが小さなアパートに住んでいるなら、写真のような体の大きなイヌは飼わないほうがよい。写真提供 HSUS/Botnovcan

かのイヌを疲れるまで追いかけることがあるが、夏などにはうまくコントロールしてやらないと熱射病になり危険である。

だが、いったいどの程度のコントロールが必要なのだろう。過度に抑制したりしつけたりすると、用心深いイヌになってしまう可能性があるし、そうかといってもっと規制を加える必要がありそうなイヌもいる。このあたりの加減がむずかしいところである。そこで、まず飼っているイヌの性質を理解する必要があるし、その子イヌの種類に特有な最善の育て方を学ぶことが大切になってくる。一般的に言って、イヌの好きなことをまったくさせない、つまり、自由にのびのび行動するのもだめ、要求も満たしてあげないというゆきすぎたしつけは、なんでもイヌの思い通りにさせる甘やかしすぎの育て方と同じくらい、感心しないやり方である。

子イヌが仲間のイヌとどのように遊んでいるか観察していると、その子イヌに適した扱い方がわかることがよくある。どの程度活発か、おとなしいか荒々しいか、どんな遊びをしているかなどを、ていねいに観察してみる。また、その子イヌの両親の気質をつぶさに観察してみると、子イヌが成長したらどんな気質のイヌになるか、落ち着いたイヌになるのか、あるいは活発なイヌになるのか、あるいはまた攻撃的なイヌになるのかなど、直観的に理解できる。ただし、それには両親が適切に育てられてきていることが条件となる。

飼い主の生活様式や希望にあわない気質のイヌを飼う人があまりにも目につく。たとえば、アラスカン・マラミュートやボーダー・コリーといった活動的なイヌは、ほとんど体を動かせないアパートの生活には適さないし、かわいくてやさしいイヌを飼いたい人には、バセンジーはふさわしくない。庭でおとなしくしているイヌ、遠くまでさまよい出てしまわないイヌがお望みなら、スポーツ犬は避けたほうがよいだろう。見た目が優雅なイヌを飼いたくても、頻繁にグルーミングしてやったり長時間の運動をさせてやれない場合には、アフガン・ハウンドは諦めたほうがよい。純血犬が欲しいときには、さまざまな品種について書かれた解説書をできるだけたくさん読み、犬舎やドッグショーを見学し、いろいろな飼い主の話を聞いてみることを勧める。あなたの要求や希望にあったイヌを選ぶことが、飼い主とイヌとの不幸な組み合わせを避けることにつながるし、イヌ（あるいは人間）の苦痛を軽減することにもつながる。トラブルばかり引き起こし、うまくいかなくなって、ついには安楽死させたり、放り出したりする悲劇を減らすことにもつながる。

イヌはとぎれることない過程をへて創られてきた。その過程のなかで、さまざまな目的に沿った品種が生まれ、その子どもが育てられて現在に至っている。イヌの気質や基本的な要求がわかれば、それだけ自分の要望や生活様式に合った品種（あるいは交配種）のイヌをみつけやすい。

飼い主がイヌの気質や個性といったものを受け入れようとしないため、余計な苦痛を味わわされることもある。飼っているイヌが用心深かったり、こわがりだという理由だけで、イヌをあざ笑ったり、ときには叱ったりするのにはうんざりしてしまう。言葉での罵りは、その声の調子によって繊細なイヌを拒絶したり、懲らしめたりすることになってしまうことがある。最近こんなことがあった。わたしが体の大きな雌イヌを連れて、散歩していたときのことである。イヌを連れた女性に出会った。彼女のイヌはわたしのイヌを見るなり、尾を下げてクンクン鳴き、いそいで通りすぎた。あきらかに怯えている様子だった。彼女は通りすぎるなり、自分のイヌに向かって「バカな子！」と罵ったのである。この言葉には、ユーモアも思いやりも感じられなかった。ただ嘲りと懲らしめの意だけしかなかった。

虐待が言葉によるものにしろ、身体的なものにしろ、イヌの気質が望んでいた気質とは異なったから、というのは理由にならない。しかし、わたしの経験からすると、こうした理由だけでイヌを虐待する人が多いのである。

イヌの意思伝達の方法や信号の意味を理解するのも、重要なことである。これらを理解することで、イヌもわたしたちの意思を理解しやすくなる。意思がうまく相手に伝わらなかったり、理解できなかったりすると、イヌは精神的に傷ついたり、混乱したりすることがある。ときには飼い主に罰を受けることさえある。父親が息子を怒鳴ると、派手な夫婦げんかのときと同様、そこに居合わせたイヌはかわいそうに、怯えたり、叱られたようになって落ち着かなくなったりすることもよくある。家庭の悩みがペットの感情やときには肉体にも影響を与えるのである。たとえば、イヌは心身症になって下痢をしたり、皮膚病に罹ったりすることがある。また、自虐的な行為をしたり、癲癇や喘息の発作を引き起こしたりすることもある。

イヌと飼い主の意思の疎通がうまくいかなかったために起こった、極端な例を紹介しよう。あるご婦人が夫の葬儀から戻ってきたときのことである。彼女は、友人のイヌの首を強く抱きしめた。悲しみにくれていたのである。そのイヌは、身の危険を感じ、彼女の顔に本気で嚙みついた。彼女の行動もイヌの行動も理解はできる。だが、その後が双方にとって不幸であった。何と、飼い主はそのイヌを安楽死させてしまったのである。
ペットにどの程度の精神的、社会的な影響を与えているのか、またどのように育てればよいのか、わたしたちが注意深く考えていけば、満足のゆく関係を築くことができるだろう。また、飼い主とその動物の余計なストレスや悩みの原因を取り除くこともできるだろう。よかれあしかれ、わたしたちは生き物を生活のなかに引き込んでしまっている。愛情と理解によって、人間と動物との強い絆を築くことができれば、わたしたちはもちろん、イヌのもっともすぐれた性質を引き出すことができるかもしれない。

［1］ 阻止現象（blockage）：本人の気づかない心理的要因による行為、思考、知覚の一時的な中絶のこと。

15 おわりに……動物の意識と権利

動物は話すことができないので、思考力があるとはいえない。このような思い上がったセリフを、うんざりするほど耳にしてきた。動物は機械的に動き、心や行動といったものが反射などの本能によってコントロールされている、というとらえ方が広く見受けられるようである。

こうした見方は、動物を感情のない機械のようなものだとする、かつてのデカルト主義の思想と無関係ではなかろう。そこでは、本能は動物の生活をコントロールし、規定する固定したプログラムのようなものと考えられている。ちょうどコンピュータの「頭脳」に入力されたプログラムが各種の産業機械をコントロールするのと同じ、というわけである。

わたしたちの脳は、複雑なコンピュータのような機能を果たす一方で、自らを「プログラム」することができる。人間には理性がある。また、客観的に物事を判断することもできるし、自分の気持ちを変化させることもできる。経験や学習をもとに新しいプログラムを作り出すことも可能である。そのうえ、わたしたちには洞察力や推理力、直観力もある。理論的な回路をもつコンピューターといえども、こうした能力にははるかに及ばないのである。しかし、動物のなかにも人間と同じような能力をもったものがいるという考え方は、多くの人たちからいわゆる「異端の説」とされがちである。この「異端の説」への一般的な反論はこうだ。動物にも人間と同じ能力があるとするのは、擬人主義である。つまり、動物をあたかも「ヒトの子ども」にみたて、そこに動物がもつことができないはずの人間の属性を投影しているのである。動物はあくまで動物でしかない。理性がないのが動物であるし、本能によってコントロールされている自動機械が動物なのである。こうした反論がさらに飛躍するとどうなるか。動物には言葉がないばかりか、人間のような不死の魂さえないので、知的能力があるとはとてもいえないということになってしまう。

人間社会の文化に合わせたこのような考え方を盲目的に信じると、動物本来の姿をみつめることも、理解することも、正しく評価することもできなくなってしまう。本能とは、動物の行動が遺伝的に組み込まれていることであり、いわば自然の知恵であることが彼らには理解できないのである。たしかに生得的な行動は、畏敬の念や不思議さを感じさせるものであって、わたしたち人間になじまないからといって蔑むようなものではない。わたしたちにも動物と同様、生得的な行動はある。たとえば赤ちゃんをあやすときを考えてみるとよい。幼児言葉で語りかけたり、微笑みかけたり、しかめ面をしたりするのがそうである。ときには、意識して生得的行動をコントロールすることもある。それができるのは十分に成長した証しであり、自己意識がある証拠である。ほかの人の顔の表情をまねることができるのは、他人を認識する能力はもちろん、まねる能力もあるからである。動物にも自己意識や他者を認識する能力がある。程度の差はあるが、ときとしてわたしたちよりもはるかにすぐれていることがある。たとえば、ネコやラットは嗅覚で慣れ親しんだにおいか、そうでないかを知覚している。多くの動物にはまねる能力があり、そのさい自分が何をしているのか正確に理解していることが少なくない。例をあげよう。オウムは人が部屋に入ってきたときにだけ「コンニチハ」といい、出ていくときに限って「サヨウナラ」という。人間のまねをするイヌは、人間にあいさつをするときにだけ歯をみせて笑う。こうした行動は、単に条件づけられた行動ではない。たしかに、条件づけられた行動にはこうした学習行動に含まれているが、微妙に異なる社会的な状況にそくした反応を選択する意識が、このような学習行動にはあるのである。

わたしたち人間は、動物との無難な距離を保つ手段として、動物を蔑み、知的能力や、苦痛を感じ苦しむ感覚をもっていることを否定したりすることがある。動物をいかに虐待しようとも、こうした理屈や防衛機制[1]より、わたしたち（あるいは社会）は責任や罪の意識を感じなくなってしまう。動物とのあいだに精神的な隔たりを設けたり、科学に裏づけられた客観性だけを重視するあまり、相手への共感や思いやりが排除されてしまうこともある。動物がこうむっている苦しみに共感することで、わたしたちは悩みたくないのである。いま、動物はさまざまな場面で痛めつけられている。たとえば、必要もなしに繰り返される研究や化粧品などの商品の開発試験、毛皮をとるための罠などがそうである。また「畜産工場」では、動物を過密に詰め込む非情な飼い方をしているなど、数え上げればきりがない。動物をこうして苦しめることを、功利主義、つまり経済の名のもとに正当化しているのである。そのうえ、動物には思考能力がないし知的能力もないとか、あるいは傷ついたときの苦痛の表情は単なる反射的なものであって、動物は苦痛を感じていないといった数々の理屈のもとに、自分の残酷な行為を正当化しているにすぎないの

わたしたちの世界でともに暮らしている動物を理解するにつれて、動物のもつさまざまな知能や本能、推理力といったものが、いかに彼らの行動に影響しているかがもっとわかるようになる。じっさい、動物には認識力があることが科学的にわかっている。彼らが開かれた世界に住む生き物として手厚い扱いを受けるのは当然である。写真提供 Missy Yuhl

である。

しかし、動物の行動や心理、生理の分野に関する信用に足る研究によると、様相は異なってくる。種のなかには、知能の高いものが多く、しばしば合理的で道徳的、利他的な行動がみられるという。それならば、ほとんどこれまで動物のことを考慮に入れてこなかった道徳の領域に、動物たちを加えてはいけないという法はない。

動物と親密な社会的関係を築くことで、動物にも意識があることを以前よりもいっそう明確に示そうとしはじめた科学者がいる。ジョン・リリー博士もその一人で、イルカのコミュニケーションについての研究でみごとな発見をいくつかしている。ワシュー（一三〇種類以上の信号を学び、自らもいくつかの信号をつくりだした）をはじめとするチンパンジーに、アメリカ式の手話［A. S. L］によるコミュニケーションを教えたガードナー夫妻の研究も同様である。この本ではそうした研究の成果の詳細を紹介するのは控えるが、動物と研究者が強い絆で結びつき、根気強くつづけたことで成しとげられたすばらしい成果であることは強調しておきたい。このような強い絆が動物とのあいだにあれば、動物には感情がなく、理性もない機械のようなものだと考えつづけることはできないはずである。動物とのコミュニケーションや動物の意識について調べることで、わたしたち以外の動物への思いやりのない機械論的な態度が不適切だということに気がつき、そのときはじめて研究者たちは「人間らしく」なるのではなかろうか。

これまで述べてきたような研究から生まれた逸話を引用したい。手話を学んだあるゴリラに、二人の飼育職員のうちどちらが好きかと尋ねてみたところに、「よくない質問だ」と返事をした。

ある人はこう推測するかもしれない。利他的で平等主義のゴリラは、けっしてこのような不当な社会的差別をしない、と。訓練すると、霊長類は「もし……ならば、次には……」といった論理的推測ができるようになる。また、手話によって、たとえば「早く！　外に出て遊びたい（あるいは、車に乗りたいとか花のにおいを嗅ぎたい）」といったセンテンスを自分でつくれるようにもなる。しかし、研究者の側も、こうしたコミュニケーションの回路を通して、ゴリラの概念形成能力だけでなく自己意識や道徳感覚を学んでいるのである。

わたしたちというか人間社会が、動物や自然界とどのように関わり、対応していくかということに関連して、ある見方が学者によって広められている。人間はほかの動物よりも「すぐれている」とする見方が、その一例である。こうした考え方を信奉する人には、動物に対して倫理的な責任ある行動はとれないだろう。動物は人間よりも劣っていると見なしているからである。人間はすぐれているという（あるいは、動物は種によって多少なりとも優劣があるとする）偏見があるために、動物には平等に公正に配慮するという倫理上の客観的な原理（これは動物の権利をめぐる哲学の大前提である）はなかなか受け入れてもらえない。

人間はほかの動物よりもすぐれているという視点にたっているのが、ハーバード大学の社会生物学[2]者エドワード・ウィルソン[3]である。彼は、もっとも知的な動物を一〇のグループにランクづけした。その著書『ザ・ブック・オブ・リスト』[4]のなかの動物界の章からここに引用してみよう。

エドワード・ウィルソン博士による
もっとも知的な哺乳類ベストテン

1　チンパンジー（二種）
2　ゴリラ
3　オランウータン
4　ヒヒ（ドリル、マンドリルなど七種）
5　テナガザル（七種）
6　サル（多種。とくにマカク属、パタスモンキー、セレベスメガネザル）
7　小型のハクジラ（シャチなど七種）
8　イルカ（およそ八〇種）
9　ゾウ（二種）
10　ブタ

ウィルソン博士は次のようにつけ加えている。

知能の定義は、バラエティーに富んだ課題を習得する速さと習熟度、とした。できる限り、学習能力についてじっさいにおこなわれた実験を参考にランクづけをおこなった。研究がなされていない場合には、「脳重量指数」を参考にした。これは体の大きさと脳の大きさの相対値で示されるが、ほぼ知能と相関関係にあるとされている。この順位は比較的しっかりとしたものだと思うが、動物学の分野でのさらなる研究が必要であろう。とくにこのリストの下位あたりでは順序が変わることもあり得る。

ここで指摘しておきたいのは、「バラエティーに富んだ課題を習得する速さと習熟度」や「脳重量指数」は知能に関する恣意的な指標であって、絶対的な指標ではないということである。また、それぞれの種の体の大きさと脳の大きさの相対値を比較したり、学習能力を比較することは、種間に絶対的なちがいを設けることになるし、なによりこうしたリストをつくること自体、優越感によるまちがった推測を生む危険性をはらんでいる。

このような「種差別主義」[5]の思想は、知能を特別な長所として評価する人間独自の価値観を反映しており、ほかの動物に対する理解をゆがめる恐れがある。そのうえ動物とのつきあい方や、動物をありのまま評価することにも悪影響をおよぼすかもしれない。「物いわぬ動物」は、知恵やIQが低いという理由でさらに知的な種（ある点で「人間以上」の種）と同等の関心を向けてもらえないかもしれない。わたしは、どの動物も等しく尊重されるべきだと考えている。どの動物にも感覚があり、つまり、感じたり苦しんだりする能力をそなえているからである。

さまざまな種を比較することは、生物の進化や適応、構造や機能を理解するうえで一つの手段となる。だが、偏見にもとづいた比較、たとえばヒト中心の価値観をもとに比較したのでは、意義のある結果を得られないこともある。すぐれているものからそうでないものへといったヒエラルキーを設けると、事実にそぐわない偏見を生みだすことになる。動物界にそのヒエラルキーを強引に当てはめたらどうなるだろう。いかなる生き物にも、等しく畏敬の念をもって接するという思いやりの心を、わたしたちは失うことになりかねない。

ウィルソン教授がヒトではなく、チンパンジーをリストの最初に掲げたことが、そもそも生物学上のまちがいを犯している。無意識にそれをおこなったのでなければ、ヒトを故意にリストからはずしたのだとわたしは思う。ヒトを除くことによって、ヒトはほかのどの動物よりもすぐれているので、リストに入れるまでもない、と思い込ませようとしたともとれなくもない。彼はイルカを八番目に位置づけているが、わたしたち人間はゴリラやオランウータンと同様、水中生活にうまく適応しているといえるだろうか。また、ブタの場合には一〇番目にランクされているが、ブタはブタであることにおいて知的であり、環境における独自の生態的地位で暮らしているのである。イルカやチンパンジーにそのまねができるだろうか。

ウィルソン教授がしていることはいったい何だろう。以前、彼のほかにも、生物学者たちが、アフリカ系やヨーロッパ系、アジア系の農場労働者を、アングロ＝サクソン系白人新教徒［WASP］より劣るとしたこともある。ようするに、白人を人間的に完成度が高く、もっともすぐれた人種としたわけである。このように、他人やほかの生き物よりもすぐれているという思い上がった態度では、いかなる倫理的な決定も、客観性や公平さをもちえないのではなかろうか。もしそうならば、道徳的な価値基準の選択はすべて、現実に対する勝手な思い込み、つまり、自然のなかでヒトが最高位にいる、という考えにもとづいてなされていることになってしまう。ウィルソン教授の動物に関するIQリストは、いわば支配のピラミッドをつくったにすぎない。前時代の似非生物学の概念を援用する政治家たちが人種差別主義者だったように、これは種差別主義といえないだろうか。

モーティマー・アドラー[6]という哲学者がいる。彼はその著作のなかで、ウィルソン教授と同様、種差別的な見解を示した。つまり、ヒトが動物よりもすぐれているのは、ゆるぎない事実である、と。彼の著作は広く知れ渡っており、とくに教育学者に支持されてきた。だが、彼のその独断的な意見に、ほかの哲学者の反応は冷やかである。

アドラーは多くの著作でこのように主張している。理性こそ最高の美徳である、人間は地球上で唯一ほんとうに理性的な存在であるから、ほかの生き物よりもすぐれているといえる。したがって、動物をどのように利用しようと道徳上まちがっているとはいえない、と。

アドラーが最近著した有名な本に『哲学に関する一〇のまちがい』というのがある。この本のなかで、アドラーは、トマス・アクィナス[7]の意見を支持している。トマス・アクィナスの哲学は、アリストテレスの哲学を組み込んだキリスト教神学を受け継いでいる。たとえば、理性的な存在であるヒトだけが不滅の魂をそなえているとした。この論法によれば、動物はヒトよりも劣っていることになる。アドラーが、ヒトを一種の動物として分類したチャールズ・ダーウィン(動物に感情があることを認識していたし、生体解剖などによる動物の虐待にも関心を寄せていた)の酷評をしているのも、至極当然のことである。また、人間だけが善悪の判断ができる、とアドラーは主張している。だから、人間はすぐれた存在で、道徳的責任能力もあるし、倫理的なふるまいもできるというわけだ。しかし、である。わたしたちには動物とちがい、道徳に反することや非倫理的な行為を自発的におこなう能力もある。この事実が、人間以外の動物よりも「劣っている」根拠になり得ないのはなぜだろう。道徳的な正しさや、倫理的な責任をもつことにわたしたちがもっとも関心を寄せるのは、啓蒙された自己利益の証しにこそなれ、けっして動物界よりもすぐれている根拠にはならない。ここで注意したいのは、アドラーは人間と動物の知恵のちがいを強調しているということである。そこでは、ヒトのほうがすぐれていることになる。彼は感覚面、たとえば情緒や感情のこもった反応などの類似性を重要視しているわけではない(ダーウィンはこの点を重要視していた)。しかし、こうした感覚面での類似性が、わたしたちに優越感ではなく、動物への親近感や思いやりの気持ちを抱かせてくれるのである。

はっきりいって、動物には権利があるという考えに異を唱える人の多くは、ヒトだけが権利をもつことができると主張する。ヒトだけが道徳的な行為ができるという理由からである。動物は善悪の判断ができない、いわば理性のない生き物なので権利などもち得ないというわけである。では、赤ちゃんや昏睡状態の患者はどうだろう。理性的、あるいは道徳的な行為はできないが、権利はきちんと認められている。倫理上の対象として認められているからである。であれば、動物を関心をはらうべき対象、あるいは権利をもった倫理上の対象として考えないというのは筋が通らない。つまり、動物の権利を認めないアドラーの考えは矛盾していることになってしまう。

これまで述べてきた「生物機械論」[8]的な見方よりも、動物を「ヒトの子ども」とみなす感

こんにちわたしたちは、以前よりもイヌについて多くのことを知っている。たとえば、体のことやイヌの健康の保ち方、病気の治療法などについてである。わたしたちは、心理的な構造（数多くの反応の引きがねとなるもの）や、イヌとの絆を築くためにそれらを最大限に活かす方法についても知っている。だが、だれもがみな同じ考えではないということや、なかにはイヌとの仲間づきあいを楽しむ権利を制限したいものもいるということを忘れてはならない。わたしたちの豊富な知識によって、必ずしも正しく理解されているとはいえない世界に生きるペットたちに注意を向けるという責任も、忘れずに果たすべきである。

傷的で「擬人主義的」な態度のほうが、理屈に合って思いやりがあるようにみえるかもしれない。しかし、機械論的な考え方と同様、この見方は動物にとってよくない。擬人化するあまり、ペットを甘やかしすぎたりすることがあるが、ペットにとっては、肉体的、精神的に悪影響を被る危険性がある。孤独で寂しい人や疎外感を抱いている人が、ペットを仲間や子どもの代用にしてしまうこともよくある。このような飼い主は、わたしたちとまったく同じ属性がペットにもあると思い込んだり、ときには妄想に似た考えをすることがある。じっさいには動物のそなえていないさまざまな感情や、思考過程まで、ペットにはあると考えてしまう可能性もある。動物の正常な行動（たとえば「ほっといて」ほしくて吠える）でさえ、ひどくまちがった解釈（この場合、「もうわたしのことが好きではないのだ」ととる）をされるかもしれない。このように、わたしたちの動物に対する理解があまりにも主観的すぎるのは、客観的すぎる見方や機械論的な態度と同様、賢明とはいえないし、動物の福祉や権利を損なう恐れがある。そのいずれの態度で動物と接するにせよ、動物の本質的な価値を正しく理解することはできない。

次のことも忘れてはならない。欲求を満たしてくれるように、飼い主を巧みに操ることを学習し、じっさいにそのように飼い主を訓練するペットが多いということである。サケだけ、あるいはフィレ肉だけを食べさせてくれるよう飼い主を訓練し、成功するイヌやネコは少なくない。また、ある嫉妬心の強いイヌの飼い主が、来客よりもそのイヌに注意を払うようになった例や、飼い主の夫婦がいっしょに寝るのをイヌが嫌がったため、夫と妻が別の部屋で寝ているケースもある。さらには、飼い主の関心を向けさせるために、前足をひきずってみせたりするなど病気を装うイヌもいる。多くのイヌやネコは、望むもののすべてとはいかないまでも、このようにたいていの望みを満たすことができるのである。ペットの知能を過小評価しないほうがよい。とりわけ、個性という点では、わたしたちとはちがう生き物であることをしっかりと理解しておく必要があるだろう。わたしたちと生活をともにしている動物の「他者性」を正確に理解し、尊重する姿勢が大切である。擬人的な思考や行為によって、動物が本来そうである以上に人間と思い込ませようとするのはよそう。そうでないと、本来の「他者性」の意義は薄れてしまい、ヒト中心的な単調な世界に埋もれてしまうかもしれない。ヒト中心の世界においては、ペットはただ人工物であり、ヒトの創り出した個性のない存在にすぎない。わたしたち人間の単なる延長としてとらえられるからである。わたしたちの心や暮らしのなかに、動物に特有の面や動物らしさを残しておきたい。というのは、大自然や動物との「一体性」の裏面には、かれらの「他者性」という現実があるからである。

わたしたちにできるのは、ペットに食べものを与え、グルーミングし、いっしょに遊ぶことだけではない。まずは、ペットをわたしたちの創造物や所有物としてではなく、感情にそったかたちで敬うところから始めてもよい。ヘンリー・ボストンがその著書、『はるか遠き家族』[9]のなかで、このあたりのことをうまく表現しているので引用してみよう。

わたしたちには、より賢明で、おそらくはより神秘的な動物に関する別の概念というものが必要である。宇宙の自然を遠く離れて、複雑な策略をめぐらして暮らす文明のなかの人間は、知識というメガネを通して生き物を眺める。したがって、つまらない物を拡大し、全体のイメージを歪めてしまう。悲しいことに、動物を人間よりも下位の生き物としてきたために、わたしたちは動物を未完成なものとして、横柄な態度をとるのである。ここで人間はまちがいを、しかも大きなまちがいを犯している。動物は人間の尺度では測りようもないからである。動物が暮らす世界には、わたしたち人間の世界よりもはるかに完成された長い歴史がある。動物には、人間が失ってしまった、あるいはもち得なかった感覚が贈られ、わたしたちには聞こえない音を使って暮らしている。動物は人間の同胞でも下役でもない。いわば別の民族であり、生命と時間の網のなかにわたしたちとともに捕らえられた輝かしい囚人仲間であり、地球の歴史が生みだしたすばらしい労作なのである。

わたしたちにイヌを尊敬する気持ちがあれば、イヌの知的能力や意識を探求することができる。また、わたしたちの保護のもとでイヌを訓練することもできるし、イヌが自らの潜在能力に気がつくきっかけをつくることもできる。こうした過程のなかで、わたしたちは自らをも教育する。そうすることでコンパニオン動物をより深く理解できるだろうし、コンパニオン動物への尊敬の念も増すだろう。イヌをモノや所有物とみる見方から、あるいは功利的に利用する横暴なふるまいから、あるいはまた自分の精神的な満足のために利用する人間の要求から解放しよう。

動物の解放は、いいかえれば人間自身の解放でもある。コンパニオン動物にも、知的な能力や感受性のあることがわかりつつある。あまりにも長いあいだ与えられないままだった尊敬と権利を動物たちが獲得する日、そんな日がいずれくることだろう。

［1］ 防衛機制（defense mechanism）：不快な観念や衝動が意識圏内に入ることを防ごうとする心理的なメカニズムのこと。
［2］ 社会生物学（sociobiology）：動物の行動や社会構造を自然選択説のもとに説明しようとする分野。
［3］ Edward O. Wilson：一九二九年生まれ。その著書、『社会生物学』（全五巻／日本語版監修・伊藤嘉昭／思索社／一九八三）がその後の社会生物学論争の発端となった。ほかに、『人間の本性について』岸由二訳／思索社／一九八〇）などがある。
［4］ *The Book of List*：New York. William Morrow 1983（未訳）
［5］ 種差別（speciesism）：レーシズムが人種（レース）による差別を表すように、生物の種による差別を表すもの。本書では「種差別」と訳した。
［6］ Mortimer Adler：アメリカの合理主義的教育理論家、法哲学者。
［7］ Thomas Aquinas：一二二五〜七四。イタリアの神学者、哲学者。キリスト教と古代文化とアラビア文化とを巧みに綜合し、中世における体系的キリスト教哲学を創造した。
［8］ 生物機械論（mechanomorphic）：生物が、物理的法則の必然性に従い、機械的に構成され動いているとする見解。
［9］ *The Outermost House*：New York. Ballantine Books, 1971（未訳）

16 イヌのIQテスト（ゲームと練習問題）

ここで紹介するイヌのIQテストと練習問題は、飼い主がこのテストによって単にイヌのIQを評価できるだけでなく、新しいことも教えられるようにつくってみた。したがって、IQだけでなく、イヌの概念上の世界や経験世界も豊かになるだろう。

またこのテストは、飼い主にもメリットがあるし、イヌと飼い主の関係にも好都合である。イヌとともに体を動かし観察するうちに、イヌを正確に理解できるようになるだろう。ただ愛撫してやったり、餌を与えたり、手入れをしたり、運動させたりすることだけが大切なのではない。教育することも、楽しませることも必要である。IQテストをすることでイヌの暮らしは豊かになり得るし、このような学習体験は家族全員が経験できる有益なゲームでもある。

わたしが気になっているのは、まるで玩具やありふれた植物のように飼われているイヌが多いということである。つまり、ただ水や食べものを与え、たまにイヌといっしょに遊ぶという飼い主が少なくないのである。イヌには必要なことが他にもまだあるし、それらも与えられてしかるべきである。建設的なIQテストのゲームをおこなうことでイヌの生活が豊かになるにつれて、コンパニオン＝アニマルとの関係やかれらへの理解が深まり、わたしたちの暮らしも潤いに満ちたものになるだろう。

こうしたことは、とくに子どもにとって重要だと思う。子どものときに動物とふれあうことで、生き物への思いやりや生命への畏敬の念が増すからである。

これから紹介するＩＱテストの一部を用いながら、ペットを観察したり調べたり、ペットに教えたりした子どもなら、イヌが知的な生き物であることにすぐ気がつくようになるだろう。

わたしたちがペットとして飼っている動物のなかには、家畜化によって一般的な知能や認識力が低下してしまったものがいるが、だからといって、こうした動物の品位を貶めるようなことはすべきでない。そもそも家畜化は、わたしたち人間がしてきたことなのだ。家畜化することで、その動物の行動や知能、そのほかの特徴が単純になったり衰えたりしてしまったけれども、背景にあるいくつかの理由については、先に述べてきたとおりである。

ドッグ＝ショーでは、イヌの容貌や忠実度競技での演技を重要視しないで、気質の安定性やＩＱの発達ぐあいがいかに大切であるかを強調してもらえないだろうか。気質の安定性やＩＱの発達ぐあいは、いずれも客観的にテストできるものである。こうしたテストが、多くの品種の質を向上させるのにどれほど有益か想像していただきたい。イヌ科動物にはひじょうにすぐれた才能がある。ただ見栄えのよい従順なイヌにするために選択育種することよりも、ほかにわたしたちにできることはまだまだある。

この本で紹介するテストは、適切におこなえば人道的なものばかりであり、いろんな意味でイヌを作り変えるような外科的な手術や薬品、あるいは「実験的な」操作や処置は必要ない。科学的精神をもった学生が、動物について科学にふさわしい（つまり人道的な）適切な課題を探しているのなら、本書のなかからさまざまな課題を見つけだすだろう。

最後に、イヌをテストするもの、あるいは教育しようとするものの忍耐と理解が欠かせない。イヌが正確な反応をしないからといって、強引にテストを押しつけたり、簡単にあきらめたり、あるいは不満を抱き怒りだしたりする人は、イヌの行動に大きなマイナスの影響を与えることになる。

IQテストの原理と考え方

イヌのIQテストやIQを高めるレッスン、ゲームについて詳しく解説するまえに、基本となる原理や重要な考え方について述べておきたい。学習理論や訓練について多少なりとも根本的な側面を理解しておけば、IQテストをおこない結果を評価するさい、思いちがいや誤った解釈をしないですむ。

まずは「知能」について考えてみよう。本来、知能とは情報を習得して蓄え、あとでこうした情報（あるいは知識）を利用する能力のことである。習得とは、「学習能力」の機能の一つで、いくつもの要因にかかわるがわる影響を受ける。イヌのふるまいは「動機づけ」、つまりイヌがどれほど熱心にテストを実行したり学習したりするかに左右されるだろう。空腹や恐怖心、賞賛、疲労といったものは、それぞれが個々に、あるいは同時に、プラスかマイナスのどちらかに作用し、動機づけに影響を与えるだろう。食べものをもらったり、ほめられたりするためにうまくふ

何世紀にもわたって人類と親密なつきあいをしてきたにもかかわらず、イヌの反応はいまだに彼らの祖先、つまりオオカミのそれとよく似ている。群れをつくったり、巣穴にすんだりするといったことは、すべて野生の祖先がそなえていたものである。こうした祖先たちが、イヌ科動物の知能を解くカギを握っていることがよくある。写真提供 HSUS

あらゆる生き物への尊敬の念を広げてゆくうえで、もっとも期待がもてるのは、わたしたちの子どもである。イヌやほかの動物を生きたおもちゃとしてではなく、感覚をそなえた生き物であるとみなすようになれば、きっと思いやりのあるおとなになるだろう。写真提供 HSUS

るまうよう動機づけられたイヌは、空腹でなかったり、怯えているイヌよりもうまく学習するのではなかろうか。

動機づけは、イヌの生理や感情の状態だけでなく、さまざまな「強化因子」にも影響をうける。正の強化子としては、ほうびとして食べものを与えたり、ほめたりすることが、また負の強化子としては、罰を与えたり、食べもののほうびを与えないことなどが挙げられる。

最善の結果を得るためには、テストをおこなっているあいだを通じて、イヌの生理や感情の状態をできるだけ安定した、あるいは予測できるような状態にしておくべきだ。そうでないケースでは、強化は効果を発揮しないかもしれない。たとえば、空腹でなかったり、またはあまりに怯えているイヌは、食べものによる強化を拒むことがある。したがって動機づけが弱く、うまく行動を起こさないだろう。そのため、効果はあまり望めないし、このイヌの学習能力やＩＱについて推測しようにも、不正確なものになってしまうかもしれない。

多くの知能テストや問題を解くなかで、イヌは別のやり方で報酬をうけることがある。特定の行動、たとえば物を巧みに操ったり、探索したり、あるいは遊んだりすることでさえ、それをおこなうこと自体が報酬となる。これを「自己強化」という。課題をなし遂げようとしたり、学ぼうとする人がみせる強い興味のことである。こうした課題に取り組みながら学習していくものだが、イヌの忠実度訓練をしたり、学校で子どもに（教育するというよりむしろ）教えたりするさいに忘れられがちな重要なことである。

したがって課題の学習には、それをやりとげたさいの報酬や、ほうびや食べものによる強化などとは関係なく、さまざまな報酬が影響を与えているのかもしれない。すぐれた動物のなかにも、たとえやりとげられなくても、ある特定の問題を解くことに満足するものがいるらしい。覚えておいていただきたいのは、「部分強化」する（つまりスケジュール通りに報酬を与えない）することで、一定の強化をするよりもイヌを動機づけることができる場合がある、ということである。また、動物にとっても、子どもたちにとっても、罰を与えるといった負の強化をするよりも、「正の強化」をおこなうほうが望ましい。

この本のテストには、イヌの目の前からものを隠すというものが少なくない。そうするとつぎにイヌは、隠されたものを探してこなければならない。ときには隠された場所を覚えている必要がある。神経系があまり発達していないイヌでは、目の前から消え、もはや見ることもにおいを嗅ぐこともできなくなった対象物は存在しないことになってしまう。つまり「なくなった」わけである。ふつうのイヌなら、隠されたものを探しだす（自分で隠しておいて、あとで探しだしてくることもある）だろう。これは、「対象との一貫性」と呼ばれるものがこのイヌにあることを示している。したがってこのイヌには、目の前から消えた物の心象を保持する能力（つまり、イマジネーション）があるにちがいない。心理学者たちはこの能力を「探索像」と呼んでいる。この能力がないと、鳥は葉や小石の裏にいる昆虫をうまく探しだすことができないだろうし、イヌは庭に埋めた骨を見つけだすのに手こずるだろう。

ほかにも知能の重要な側面として「記憶の保持」がある。動物のなかには、情報を保持する能力が低いものがいる。これは幼い動物のように、「注意持続時間」が短いことと関連していることが多く、あとで情報を獲得したりテストをおこなったりするさいに妨げとなる。

学習された情報は、保持（あるいは、化学的なＲＮＡのコード、または「メンモン」として蓄えられるのだろう）しなければならないだけでなく、想起されなければならない、と学習理論家たちは考えている。だが、習得した反応が正確にできなかった場合、保持と想起のどちらが欠けていたのかを評価するのはむずかしいことである。人間に電極をさし込み、脳を刺激する研究は、記憶ちがいが想起の欠陥にあることを示唆している。多くの経験は脳の記憶装置に保存されるけれども、比較的かぎられた数の経験しか自由に想起できないのである。

動物の個体（特異性）や品種、種といった制約や特殊化した属性も考慮に入れなければならない。たとえばラットは、迷路や入り組んだ道の学習がひじょうに得意だが、リスは場所の学習テストですぐれた結果をあげるだろう。というのもリスは、トンネルの内部や複雑な道での暮らしには適応していないが、さまざまな場所に食べものを蓄えたり、ふたたび探しだしたりするのはうまいからである。イヌにはとりわけすぐれた嗅覚があり、この感覚に関連したテストでは、人間よりもすぐれた結果をあげるだろう。しかし、手先の器用さに関するテストでは、ラット、ネコ、イヌという順になるだろう。このような「運動機能」や「知覚による制約」、特殊な「属性」は、知能や学習能力を考えるさいつねに心に留めておかなければならない。

つぎに疑問となるのが、イヌはいったん与えられた課題を学習したり、またはある問題を解いたあと、習得したことをどのくらい長く保持（あるいは記憶）できるのか、ということである。

イヌが習得した反応をどれだけ長く保持（あるいは記憶）できるか、というのは、知能につい

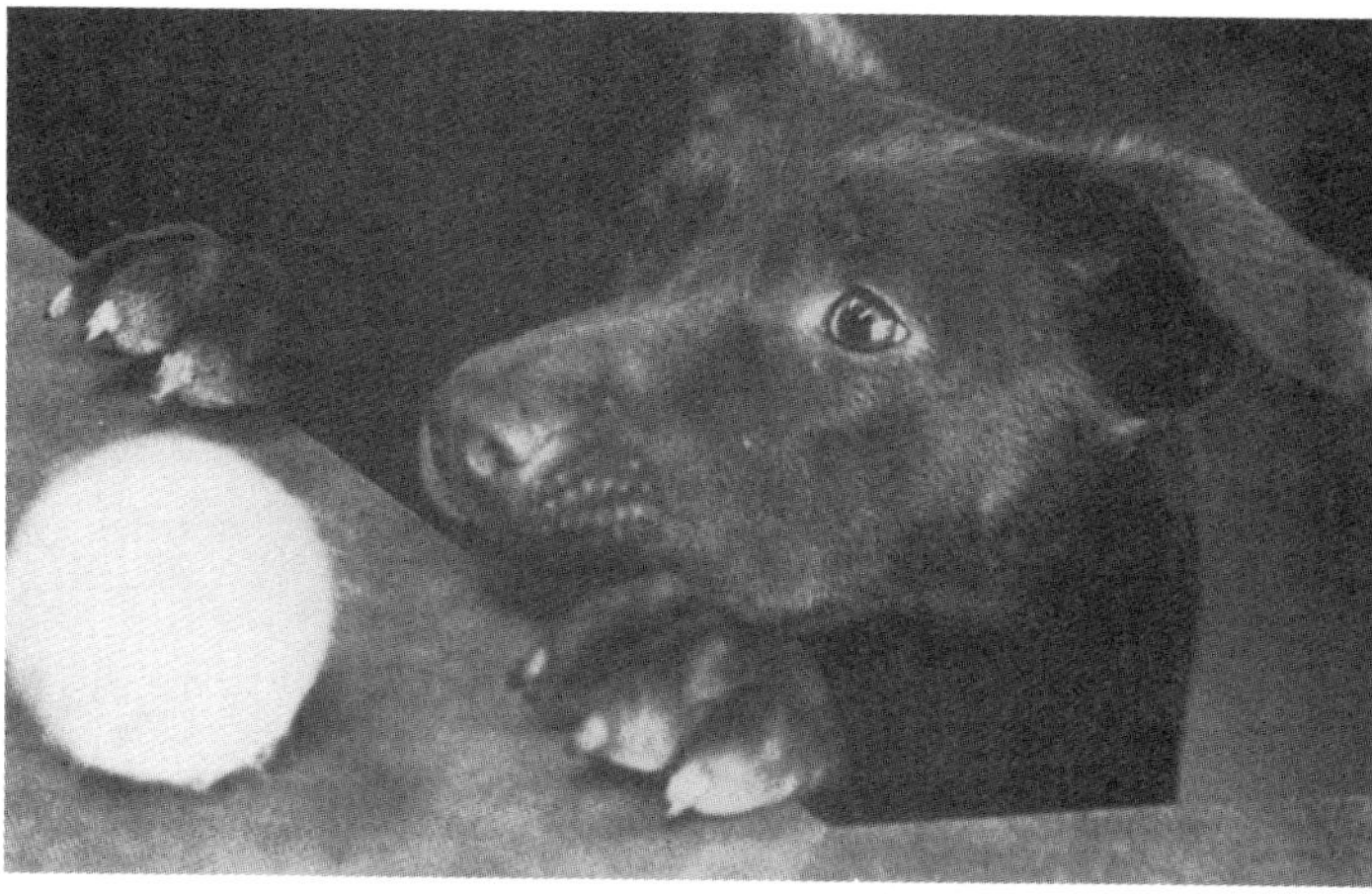

飼っているイヌにおこなうことができる、おもしろくて意味のあるテストが数多くある。このテストをすることで、イヌの知能についてさまざまなことがわかるだろう。こうしたテストの結果は、訓練をうまくおこなったり、ペットとさらに意義のある関係を築くのに役に立つ。写真提供 HSUS/Marin County H.S.

行動パターンは、さまざまな原因から生じる。いっしょに生まれた兄弟姉妹とのやりとりは、そのイヌが優位なのか、劣位なのか、また、どのイヌが成長すると申し分のないコンパニオン犬や作業犬、猟犬、品評会用のイヌになるのかといったことを知るのに役立つ。

てまた別の重要な点である。基本的に、記憶には二つの種類がある。「短期記憶」と「長期記憶」である。イヌは、複雑な一連の行動、またはある手がかりや信号といったものを、数週間から数カ月のあいだ覚えていることがある。これが長期記憶である。短期記憶の例は、二カ所あるいはそれ以上のうち一カ所にほうびを隠しておくテストで、イヌが玩具や少量の食べもののありかを覚えているというケースである。長期記憶と短期記憶のテストについては、次の章で述べることにしよう。

ときどき「連想」や「既視感」によって想起しやすくなることがある。たとえば、まったく新しくみえる状況のなかで、特定の手がかりがきっかけとなって、記憶や、すっかり異なる一連の手がかりと結びついていた反応を引き出すことがある。ある過去と現在のよく似た手がかりは、連想によって、想起を促すだけでなく、学習能力を高めたり、何らかの適切な反応を生み出したりする。これは「連想学習」と呼ばれ、条件づけとはちがい、動物の学習に関してもっとも広範囲にわたる種類だろう。たとえば、ある特定の人がいることと、ほうびとして食べものをもらうことのあいだの単純な関係は条件づけである。しかし、ほかの人にも似たような反応を期待するのは、連想学習である。ここで学習には、特定の複数の手がかりのあいだ、あるいは刺激の種類（このケースでは、異なる人）のあいだに、ある共通性が必要になってくる。恐怖症が発達する過程は、連想学習の例にふさわしい。たとえば、激しい雷雨（あるいは制服を着た警官）が怖いと、思いがけない騒音（または制服を着た人）はすべて怖くなってしまう。こうしたパターンは、しだいに幅広く似たような刺激にも反応するようになり、「刺激般化」と呼ばれている。

連想学習での刺激般化は、学習において正常な側面ともいえるが、基本的な反応パターンは変える必要がない。つまり、幅広い刺激への反応が習慣化してしまうわけだ。この反応は適切かもしれないけれども、「習慣の固着」が起こると、より適切で新しい反応を生み出すというイヌの能力を制限してしまいかねない。多くの動物ではこうした習慣の固着や比較的限られた反応のレパートリーがみられる。イヌ同士における個体差のように、とくに種によって反応に制約があることがわかる。あるイヌは、問題箱を前足でさわりつづけるだろうし、また別のイヌは、そんなことをせずに、問題箱を鼻で押したり、歯を使ったりするかもしれない。最初のケースは、固着性の強いステレオタイプ的なもので、あとの場合はそれとは対照的に柔軟性に富んだ反応である。この両者のちがいは、習慣の固着にどれだけとらわれないで自由でいるかということによるのだろう。そしてこの高い自由度のおかげで、イヌは問題を解くにあたり新しい行動を学習したり、適応した形に修正したりするための新しい段階に入ることができるのである。

このように固定された、または限られた反応のレパートリーに左右されないということは、新しくより適応的な反応を自在に学習し生み出すということでもある。意志が強く、強迫観念にとらわれやすい動物は、ある一連の問題をうまくこなすかもしれないけれども、似た気質をもった人間のように、ほかの問題となるとひどい結果に終わるかもしれない。また、「頑固」すぎると、用心深い動物よりもまちがいが多いかもしれない。悪くすると、もっと適切かもしれない新しい反応を思案し、試すほどの「冷静さ」をもちあわせていない場合がある。

さらに適切で新しい反応をしようとするために、自制したり、習得した反応を抑制したりできる動物は、自由に学習することができる。過剰に反応したり、頑固な態度を示す幼い動物にみられるように、十分な自制、あるいは「内制止」ができなければ、推理力や洞察力がそこなわれてしまうだろう。

イヌに対する条件づけの研究でパブロフは、気質には基本的に三つのタイプがあると考えた。臆病な気質で、テストの最中に気が散ったり、不安になりやすいイヌを、パブロフは「弱く不安定なタイプ」とした。行動することが求められるテストではよい結果をだすけれども、行動しないことが要求されるテスト（受動性、または抑制テスト）では思わしくないというイヌは、「強いがアンバランスなタイプ」の持ち主とみなした（これらは、先に述べた頑固な気質である）。パブロフの考える三つ目のタイプは、いわばスーパードッグで、行動することが求められても、抑制することが要求されても、いずれも成績のよいイヌのことである。つまり、「強くバランスのとれたタイプ」の持ち主である。行動を適切に切り変える能力を、彼は「均衡化」または「ダイナミズム」と呼んだ。

こうした画期的な研究から、学習能力やＩＱに気質が影響を与えていることがわかる。遺伝子（遺伝）が知能に影響を与えているとみなすのは論理が飛躍しすぎている。介在している因子は、気質や情緒性だからである。気質の特徴は遺伝するけれども、一方で発育初期の扱い方（その動物がどのように育てられたか）が、より安定し順応性に富んだ気質を引き出すのにどれほど役立っているかについては、これまでこの本で説明してきたとおりである。うまく繁殖させるだけで賢いイヌができるわけではない。

知能テストにおいて重要で微妙なもう一つの側面は、定められた反応パターンを「学習解消」する動物の能力を判定することである。これは柔軟性をはかる尺度、つまり洞察についての尺度というよりも、固執性の強い、あるいはステレオタイプ的な反応を調節する動物の能力をはかる尺度なのである。前に食べ物が隠されていた場所だけで探そうとし、あたってみる場所を「切り換える」ことができず、ほかの場所に隠された食べものをみつけだすことのできない動物がいる。これは柔軟性が乏しく、ステレオタイプ的な、あるいは固執性の強い気質を示している。また、「○」のカードの下に食べものを置いたのに、相変わらず「×」のカードの下を探しつづけるイヌも、不適応な固執性を示している。こうしたイヌは、そうした反応を抑制したり、「学習解消」することができず、「×」のカードの下に食べものがあることをいつも期待するのである。ある手がかりがまずはプラスに作用し、報酬を得られたけれども、あとでマイナスに作用し、報酬を得られなくなったケースのように、個々の手がかりに対して行動を変える能力は、知能をはかるうえでふさわしい尺度となる。パブロフの専門用語では、こうしたイヌにはダイナミズムがある、あるいは均衡化がみられる、となる。

これ以外にも、学習の四つのタイプ、またはパターンをこれから説明しよう。この本にあるIQテストのいたるところで、そしてIQ発達テストで使われるのは、「学習の構え（学習セット）」である。この学習セットによって、動物は学ぶことを本質的に学ぶのである。徐々に経験が増すにつれて動物は、同じ学習原理にもとづいたさらにむずかしい問題を習得することを学ぶ。たとえばさまざまな形や記号を識別することを学ぶことで、動物はほんとうに「読める」ようになるまでにいろいろな形や言葉のグループを識別できるようになる。

知能の乏しいペットを除いて、すべてのイヌに共通した学習パターンは、「時間事象の学習」である。イヌは、その日に起こるある出来事を予想することを学び、条件づけや連想をとおして、飼い主がつぎに何をするか知るようになる。目を覚まし、食べものや運動、グルーミングを期待するといったように、飼い主の活動に応じてさまざまな行動をイヌはとるようになるだろう。これはさしてむずかしいことではない。というのも、（人間を含めて）ほとんどの動物は、すべからく習慣の生き物だからである。こうしたいつもの日課が変化すると、イヌのなかには戸惑うものがいる。じっさい、IQテストの妨げとなることもある。したがって、たとえば食事をした直後や毎日おこなう屋外での遊びを期待しているときに、イヌの能力を試そうとするのは賢明とはいえないだろう。

多くの動物、とくにネコには「観察学習」の能力がある。飼い主やほかの動物がしていることを見て、それと同じことをしようとする場合がある。また、ヒトやチンパンジーといったさらに知能の高い動物では、「模倣学習」と呼ばれる能力がきわめて発達している。この能力は、文化的な情報を獲得する重要な鍵となっており、じっさい観察や模倣によって、つぎの世代へと文化的な情報が伝えられるのである。

動物は、あきらかに合理的で論理的な意思を行動によって示すことがある。「洞察力」あるいは「推理力」は、なにも人間だけの属性ではない。高度な進化をとげた動物は、洞察したうえで結論を出すことも、「もし……とすれば、つぎに……となるだろう」といった論理的な推測をすることもできる。たとえばイヌは、届かないところにある食べものを手を伸ばしてとれるように、椅子を押して動かすかもしれない。こうした洞察による問題の解決に観察学習が役立つことがある。シロアリを「釣る」ために葉をおとした小枝を使う、年上のチンパンジーを観察している若いチンパンジーがその例である。観察者は、動作をまねながら、「もしこれをすれば、わたしも餌を得られるにちがいない」といった論理的な推測をしているのである。

IQと気質に関する基本的なテスト

ここに紹介するのは、あなたのイヌのIQを評価できるいくつかの簡単なテストである。テストのなかにはイヌが楽しめるようなゲームもある。このテストをおこなうことで、イヌに学ぶことを学ばせながら、じっさいにペットのIQを高めることができるだろう。しかし、こうしたテストをおこなうまえに、克服しておかなければならない大きな障害が二つある。まず、わたしたちの問題である。根気強く、すぐに欲求不満に陥らない人だけがこのテストをおこなうべきである。あなたのイヌがなかなか反応しなかったり、まちがった反応をしたとき、無理にせきたてたり、欲求不満になったりするならば、イヌはあなたの態度を見て、なおさら混乱し、欲求不満になるだろう。

つぎに障害になるのが、あなたのイヌの気質である。このIQテストをする前に、自分のイヌの気質を知っておくべきである。このテストをおこなううえで、気質は大きな影響を与えるからである。テストに恐怖感を覚えたり、興味を示さなかったりするイヌの成績はあまりよくない。

したがって、うまく反応しないのは、あなたが「ばかな」イヌを飼っているということではなく、むしろあなた自身が、あるいはイヌの気質（またはその二つの組み合わせ）が、テストの妨げになっているのである。イヌの気質を評価する方法をあらかじめ知っておくと、いっしょに生まれた兄弟のうち、もっともふさわしい子イヌを選ぶさいにも役立つだろう。というのも、研究によると、成犬がそなえている基本的な気質は、六〜一〇週齢まではすでに十分に形成されていることがわかっているからである。

気質のテスト

このテストは、六〜八週齢に達した子イヌでおこなうことができる。子イヌの気質の評価は、テストごとに適切と思われる得点を書きとめ、それを合計するだけでよい。「高得点」は、意志が強く外向的であることを意味しており、「低得点」は、内気で臆病な気質を表している。おそらく「中の上あたりの得点」がもっとも望ましいだろう。というのも、このようなイヌは、外向的な気質をもつと同時に注意深く、向こう見ずなことはしないと思われるからである。ここで挙げた三つの基本的な「成績」は、パブロフが示した三つの基本的な気質、あるいは「性格類型」（それぞれ強いタイプ、弱いタイプ、バランスのとれたタイプ）に対応している。

社会的な反応

a　イヌを呼ぶと、相手をしてもらいたがるだろうか（10）、ゆっくり近づいてきて静かにあ

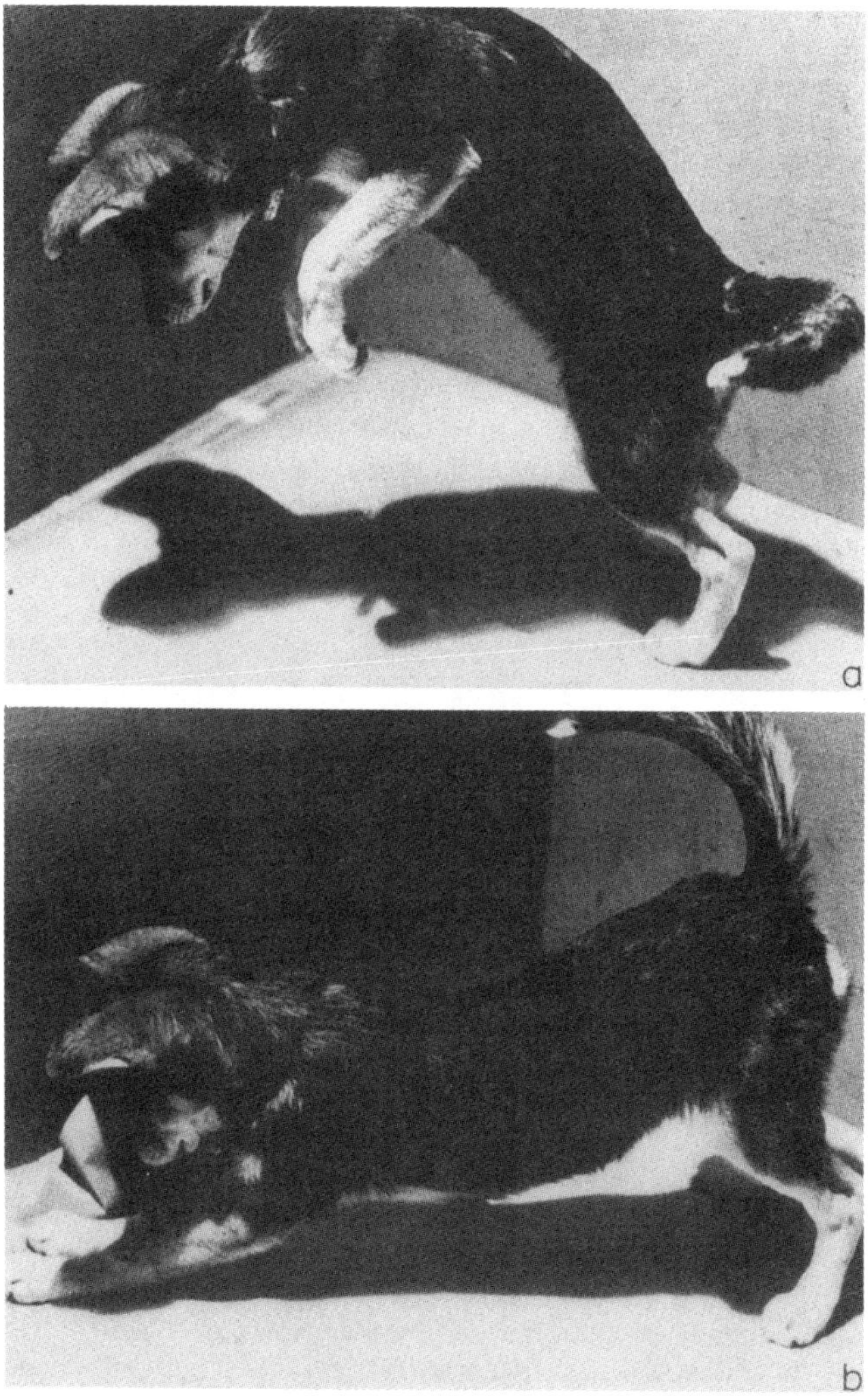

じゃれて跳躍をみせるコヨーテとイヌの交配種。a……四肢を使ってすばやく襲いかかろうとする。b）イヌのこうした行動を、遊びに誘うお辞儀ととる解釈もあるいは可能かもしれない。写真提供 HSUS

なたにあいさつをするだろうか（5）、あるいはしりごみするだろうか（2）。カッコのなかに示された点数を書きとめながら、このほかのテストをつづける。それぞれの項目においてもイヌのとった反応に相当する点数を記録していく。

b　もし子イヌが兄弟姉妹といっしょにいる場合、まわりを押しのけて最初にあなたに近づくだろうか（10）、ほかの兄弟といっしょにあなたの様子をさぐりにくるだろうか（5）、あるいはその場にじっとして無視するだろうか（2）。

c　愛撫したり抱きあげたりすると、子イヌは過剰に反応するだろうか（10）、静かにリラックスしているだろうか（5）、あるいは怖さのあまり身動きができなかったり、体を震わせたり、あるいは逃げようとしたりするだろうか（2）。

d　あなたが静かに後ずさりすると、子イヌはすぐにあなたについてきて相手をしてもらいたがるだろうか（10）、まず立ち止まってからあなたについてくるが、あまり感情をあらわにしないで世話を求めようとするだろうか（5）、それともその場を離れ、あなたを無視するだろうか（2）。

e　子イヌを呼んでそばに来たなら、子イヌの頭上で大きく二度手をたたく。そうしてまた子イヌを呼んでみる。子イヌは、大きな音を気にせず、相手をしてもらいたがるだろうか（10）、あるいは体をすくめたり、受け身になったりするが、すぐに落ちつくだろうか（5）、それとも身動きせず、たとえなだめようとしてもあなたの接近を拒むだろうか（2）。

f　子イヌが玩具にどのように反応するだろうか（ふつう成犬になると、遊び戯れることが少

科学的な研究によると、六〜一〇週齢のあいだに、基本的な成犬の気質がすでに形成されていることがわかっている。この知識によって、いっしょに生まれた兄弟姉妹のあいだの個性がわかるようになるし、その子イヌの気質を最大限に活かすよう、生まれてまもないうちからはたらきかけることができる。写真提供 Percy T. Jones

なくなるため、子イヌよりも自制心のある「冷静」な成犬がこのテストをすると、正確な評価ができない場合もある）。一メートル弱の糸の先に、約一〇センチの布切れか紙切れを結びつける。まるでネズミが跳ねながら通りすぎるかのように、子イヌのそばで糸を引く。すぐに反応すれば（10）、もしためらいがちに片足を出すか、または体をかがめそっと近づくようなら（5）、「獲物」を見るだけで反応しないか、まったく無視するようなら（2）。

g たとえば、犬小屋や家のなかから出て、公園や静かな庭といったなじみの薄い場所では、子イヌはどのような反応をするだろうか。ある程度は警戒しながら、活発に探索するだろうか（10）、それともその場にくぎづけになったり、体をすくめたり、どこかに隠れようとするだろうか（2）、あるいはあたりかまわず探索し、すぐには落ちつきそうもないだろうか（5）。

子イヌの心拍のペースと気質には関連性があることが、わたしの研究であきらかになっている。あなたも、聴診器を使ってじかに心拍のペースを調べてみたらいかがだろう。いっしょに生まれた兄弟姉妹のなかでいちばん心拍のペースが速い子イヌが、たいていもっとも自己主張が強く外向的ということができる。その一方で、いちばん心拍のペースが遅いイヌが、もっとも内気な気質をもっている場合がよくある。これと同じことが子ネコにもあてはまるかもしれないが、いまのところ子ネコについては研究がなされていない。まずは膝の上で子イヌを抱いてみよう。子イヌが落ち着きを取り戻し、暴れなくなったら、一五秒間、心拍数を記録する。その心拍数を四倍すると、一分間あたりの心拍のペースが出てくる。外向的なイヌの心拍数は、毎分二〇〇～二四〇回だが、いっしょに生まれた兄弟姉妹のなかでこれより遅い毎分一六〇～一八〇回の子イヌは、おそらく成犬になってこわがりになったり、突然の刺激や馴染みのない刺激を受けると簡単に怯えるようになったりするだろう。そして、物覚えの悪いイヌになってしまうだろう。

ここまで紹介した気質を調べるテストには、人が介在するので、このテストに偏りが生じ、まちがった結論を導き出してしまう可能性がある。したがって、飼い主がそばにいなくてもできるほかのテストが必要になる。そこでまず、ブラインドや適当な遮蔽物の裏に隠れて、もう一度テストgをしてみよう。つぎに、大きくて見慣れないものを子イヌのそばに投げてみる。たとえば、子イヌと同じくらいの大きさに丸めた紙や厚紙の箱などである。このようにして、「不意の刺激」や「新奇な刺激」に対する反応をテストすることができる。このテストではほかに、厚紙で形づくったものが子イヌの前にパッと飛び出してくるような装置をひもと滑車でつくってもよいし、あるいは子イヌに接近したら、大きな傘が開くような装置を工夫してもよい。ためらうことなく接近していくようなら（10）、警戒しつつ接近し、調べるなら（5）、調べもせずに逃げるなら（2）である。

また、あなたがいないところで、子イヌがいっしょにくらしている仲間や兄弟姉妹にどのような反応を示すか観察してみる。いっしょに遊ぶときも食べものにありつくときもつねに一番なら（10）、中間あたりなら（5）、あきらかにビリならば（2）である。

あなたが安定した気質をもった子イヌを選ぶさいに、このような簡単なテストが役立つにちがいない。そのような安定した気質の子イヌは、次には訓練やＩＱの評価に敏感に反応を示すだろう。子イヌとあなたとの絆が強いほどこうした訓練やＩＱテストはしやすい、ということをぜひ心に留めておいていただきたい。もし子イヌが適切に社会化していなかったら、せいぜい気質を評価することしかできないかもしれない。

わたしたちがコンパニオン＝アニマルにしてあげられるのは、基本的な要求に応えたり、従順になるよう訓練したりすることだけではない。ある程度まで、じっさいに教育したり、ＩＱを大いに高めたりできるのである。わたしたちにとって、子イヌの反応に得点をつけたり、ＩＱを評価したりするのは、一種のゲームである。また子イヌにとっても、飼い主の世話を受けたり、問題を解くというさまざまなゲームに参加する楽しみがある。これは、子イヌとの関係をさらに親密なものにしたり、子イヌの暮らしを豊かなものにしたりする一つの方法である。さらに、そうすることで、変化に乏しく刺激の少ない世界で子イヌを飼うことが多いために、ふつうは発揮されていない、子イヌの潜在能力を引き出すことができるだろう。

得点のつけ方

これから紹介するテストではいずれも五回トライアルさせる。それぞれのトライアルが正確にできれば得点は一〇である。また、すべて失敗すれば得点は〇である。時間がかかり、まごつくようでも最後には正解となれば五点とする。それぞれのトライアルの得点を合計し、それを四倍すれば「ＩＱの評価」が導き出せる。最高二〇〇点で、一二五点以上だと優秀、一五〇点以上だとほぼ天才的である。また五〇点あたりでまずまずといえる。それ以下だと、テストをするさいにあなたがしくじった可能性がある。あるいは、イヌが不安を抱いていたのかもしれないし、単にやる気を起こさなかったのかもしれない。あるいはまた、イヌの脳がダメージを受けているのかもしれない。

隠されたものをみつけだす

このテストは、ある物体が視界から消えたとき、イヌはそれを心に思い浮かべ、記憶に留めておくことができるという考えにもとづいている。これは、対象の一貫性と呼ばれている。ここで紹介するほとんどのテストでは、反応のための準備をあなたがするまでに、イヌが身動きしないよう静かに押さえておいてくれる助手がいると都合がよい。まずは、部屋のなかのあらゆる場所に玩具を投げることで、それを探して持ってくるか、少なくとも見つけ出すようイヌを「方向づける」ようにするとよいだろう。イヌがつねに同じような反応をするようになったら（つまり五回のうち五回とも）、古いタオル（カサカサという音のする新聞紙だとイヌが怖がるかもしれない）の下に玩具を半分ほど隠し、もう一度か二度このテストをくりかえしてみる。正しく反応したら、そのつどイヌをほめてやる。最後に、タオルの下に玩具を完全に隠したうえで、どうするか観察する。賢いイヌだと、助手が手を放して数秒でその玩具をみつけだすことができるはずだ。翌日まで、これ以上テストをしてはならない。でないと、イヌはすぐにこのゲームに飽き、低く不正確な得点になってしまうかもしれないからである。

翌日、イヌに玩具を「みせ」るが、そこから二・五〜三メートルくらい離れたところで静かに押さえていてもらう。タオルの下に玩具を隠し、それから横に離れて、助手にイヌを放すよう合図する。このトライアルを五回くりかえし、ＩＱを計算する。

食べものを隠す

どのイヌも、隠された玩具をみつけだすよう動機づけられるとは限らないので、「隠れたものをみつけだす」テストは、隠された食べものをみつけだす能力と比較しなければならない。好みの食べものをほんの少しイヌに見せ、平らな皿の上にのせてタオルで隠す。このテストは、いつもの食事の時間よりも一時間くらい前におこなう。もしいつもの食事の時間におこなうと、食べものが（いつもの場所と時間に）もらえるといういつもの期待が生じ、このテストの妨げになるかもしれない。もちろん、食事のあとでは少しも反応を示さない場合がある。イヌはあらゆる努力をしてタオルを動かそうとし、その下に隠されていた食べものを手に入れるはずだ。このトライアルを五回繰り返す。それぞれのトライアルでは、多くても茶さじ四分の一の食べものしか与えてはならない。でないと、すぐに飽きてしまうだろう。この結果を最初のテストの結果と比較してみると、どの程度あなたのイヌが食べものに動機づけられているかがよくわかるだろう。このテストで高得点が得られれば、玩具に見向きもしなかったイヌは最初の低い得点を補うことができる。

これら二つのテストは、さらに上級のいくつかのテストの基礎をなすもので、イヌにほぼ変わらない反応をさせることができるようになれば、こうした上級のテストに進めるだろう。イヌは、

イヌの型（およびのちの特殊化した品種も）は、たいてい特定の要求に応えるようなイヌになった。写真のボーダー・テリアの祖先はもともと頑強で、イギリスとスコットランドの国境地域でキツネやイタチといった小型の捕食動物を阻止するために独自の行動をとることができた。写真提供 John L. Ashbey

おそらくタオルの下にある玩具の形、あるいは玩具や食べもののにおいがわかるかもしれないので、つぎに紹介する一連のテストは、もう少しむずかしいものにしてみた。

変化を識別する

わたしが研究してきた野生動物は、慣れ親しんだ環境の変化にきわめて敏感に反応する。厚紙の箱やボール、風船、くしゃくしゃになった包装紙の山など、新しいものはどんなものでも、ただちに反応する引きがねになるだろう。たとえば、急に注意を集中させたり、逃げたり、あるいは用心深く近づいて調べたりする。こうした野生動物は自分のまわりの環境を十分に知りつくしているが、こうした認識力はペットでも簡単に評価することができる。ほかの部屋にイヌを入れ、居間の床の中央に大きな風船や開いた小型の傘などまったく目新しい物を置く。こうした物は手であまり触らずに、ちりとりばさみのように先でものをはさむ器具を使って操作したほうがよい。あなたのにおいが目新しさをうすれさせるかもしれないからである。そして何も手を出さずに待ち、イヌが部屋に入ってきたら何をするか観察する。何の反応もしなければ（0）、ちらっと見ただけなら（5）、そして、警戒したりすぐに近づいて調査したりするなどあきらかに関心のある反応をすれば（10）。

「チューブ」テスト

これは、特別な「ネコとネズミ」のテストで、ほとんどのイヌにたいへん適しているものである。まずは、長さが七五〜九〇センチくらいで直径がおよそ七・五センチの厚紙のチューブ（筒）を用意する。そして糸に小さな玩具か少量の肉を結びつけ、糸をチューブに通して引く。糸に結びつけたものがチューブの端の穴に消え、そして反対の穴からそれを引き出すところをイヌに見せる。このチューブの端から少なくとも一・四メートルくらいはイヌを離しておこう。イヌは、すぐにあなたに近いほうのチューブの端に来て「ネズミ」が現れるのを待つようになる。空間的な概念をすぐに把握したなら（10）、五回以上くりかえさなければ把握できないようなら（5）、そして「ネズミ」が最初に姿を消したチューブの端あたりにじっと座っているようなら（0）である。ちょうどチューブの入口で助手に糸を引いてもらうと、このテストの能率を上げることができる。その場合は、肉あるいは玩具は、長い糸の中央に結びつけなければならない。

この厚紙のチューブは、17章で紹介するさらに高度な「道具」使用のテストにも使うことができる。その高度なテストでは、チューブのなかから報酬を取り出すのにイヌは輪にした針金、あるいは留め木を引かなければならない。それ以外は手の届かないように、食べものや玩具をチューブの内部に引き入れておくのである。

右と左

ケーキ用（パン焼き用）の缶を二つと、それぞれの缶の前面を覆うための厚紙の箱を使う。あなたのイヌが箱の後ろを通っていずれかの缶にたどり着けるよう、箱の後ろを開けておく。一メートル弱、離れた箱のなかに缶を置き、どちらか一方の箱にあなたが玩具を入れるところをイヌに見せておく。イヌが二回とも正確な反応をしたら、こんどは反対の箱を使う。おそらく玩具の入っていない箱には行こうとしないはずである。これを五〜六回おこなって、テストに慣れてきたら、二四時間待ってイヌのＩＱをテストする。五回トライアルさせ、それぞれ交互に一方の箱（Ａ）、そしてつぎは残りの箱（Ｂ）と玩具を置く。玩具を入れるパターンはつぎのようにする。つまり、Ａ、Ｂ、Ａ、Ｂ、そして最後にＢとする。最後にＢを繰り返すことで、イヌが問題を解くというより、知らないうちにＡとＢを交互に選ぶ行動を身につけていないかどうかがわかるだろう。

イヌのお気に入りの食べものをほんの少し使って、このテストを繰り返してみよう。まず、においだけを手がかりにして反応しないように、水に溶かした少量の食べものをそれぞれの缶に塗りつける。それぞれの試験でまちがった反応をしたら、もう一方の正しい缶にイヌを近づけないようにする。すぐに助手にイヌを渡し、缶から食べもの、または玩具を取り出す。イヌにみえるようにそれを持ち上げ、つぎの順番の箱に入れる。そして準備ができたら、イヌを放すよう助手に合図する。このテストでは、イヌがすぐに一方の箱から次の箱へ行かないよう箱のそばに立っている必要がある。もし、木製の箱を作り、遠くからロープと滑車を使って開けたり閉めたりできる戸をこの箱の後ろに取りつければ、箱につきそう必要はない。

このテストにはたっぷり時間をかけるだけの価値がある。というのも、ここで期待されていることをイヌが理解できれば、このテストにもとづいてさらに高度なテストをいくつかつくりだすことができるからである。

欲求不満と利口さ

どちらの箱の後ろに玩具、あるいは食べものがあるかがわかるようになれば、つぎは、地面に食べものか玩具を置き、缶をその上から伏せる。そうすることでイヌに欲求不満を起こさせるのである。それぞれの缶の縁は、イヌが前脚や鼻を缶の下に入れられるように、一部を外側に曲げておく。まず、頭をはたらかせてすぐにあきらめたりせず、あるいは極端に欲求不満になって狂わんばかりに前脚で缶をたたいたりする利口なイヌなら、この問題はすぐに解決できるはずだ。ここでも、一日で五回のトライアルをおこない、次の日に同じことを繰り返す。五回トライアルさせ、うまくいった回数を採点する。

欲求不満と遠回り

金網の柵か椅子が二脚、このテストには必要になる。この椅子には低い位置に横木を渡し、イヌがくぐれないようにしておく。柵の向こうに食べもの、あるいは玩具を置くか投げるかしておき、反対側からイヌを放してそれを取りにいかせる。強情なイヌのなかには、機転がきかず柵にぶつかってしまうものもいるだろう。すぐれた洞察力のあるイヌなら、すぐに柵のわきからまわり込もうとするだろう。このトライアルを五回くりかえし、正確に反応できた回数を記録しておく。翌日、柵の一方を壁でふさぐ（金網、または一方の椅子の端をぴったりと壁につける）。イヌは壁でふさがれていないほうにすぐに行くか、一度まちがってから行動を訂正するはずである。

二回試行したあとで、壁のある側をできれば反対にしてみる（廊下でおこなうと、通れる側を変えるテストには都合がよい）。

社交性と遠回り

前項で紹介した「欲求不満と遠回り」のテストは、子イヌの社交性と知能の評価にも用いることができる。子イヌを柵の一方に置き、あなたのもとに来るよう距離をとって呼びかける。これを五回くりかえす。迂回してあなたのところに来るたびにほめてあげる。あまりにもがんばりすぎたり、疲労した子イヌは、最初のうち柵の真ん中あたりを押したり、前脚でさわったりしてあなたのところに行こうとするだろう。いずれ子イヌはこの問題を解決するはずである（ただし、柵の両側はふさがないでおく）。再び柵の後ろに戻してやると、手間どることなく柵を迂回してあなたのもとにくるはずだ。一回目のトライアルであなたのもとに来るようになったら、得点をつけはじめる。そしてこのトライアルを五回繰り返す。翌日、また五回おこなってから、まずは子イヌが好んで迂回するほうをふさいでみる。もし「行き詰まった」場合には、一度だけ出口を教えてやって、五回トライアルをさせる。そうすれば、子イヌはふさがれたほうを迂回しようとはしないはずである。こんどは反対側を壁でふさぎ、五回トライアルをおこなう。三日目には、柵の両側を（A→B→A→B→Bという順番で）それぞれ交互にふさぐことで、行動を切り換える能力を試すことができる。

どのトライアルでも迂回の問題が解けないようであれば（0）で、すぐに正確な反応ができれば（10）である。また、あなたのもとに来るのに二〇秒以上かかるか、あるいはふさいだほうをまず最初に迂回しようとしたら（5）とする。五回のトライアルは五〇点満点である。得点を四倍すれば子イヌのおおよそのＩＱを知ることができる。一五〇点を超えるようなら、あなたのコンパニオン・アニマルは、すぐれた知能と社会性をそなえているといえる。

欲求不満と洞察力

このテストでは、あなたのイヌに長い革ひもをつけて外へ連れ出す。木やポストに革ひもを巻き付け、一方にあなたが、そして反対側にイヌがくるようにする。こうして、もしイヌが一直線にあなたのほうにやってきても、革ひもが短く、あなたに届かないようにする。イヌを呼び、この問題が解決できるか観察する。最初はまっすぐにあなたのもとへ来ようとするかもしれないが、なぜたどり着けないのか、あるいは自由に動くにはなぜ木の後ろをまわらなければならないのか、早く理解しなければならない。もしイヌがこの問題を解決できず、革ひもがからまるようなら、革ひもをいったんほどく。そしてテストをくりかえし、どのようにしてこの問題を解決すればよいかみせる。一度目で五回のトライアルをすべて正解するようなら天才的である。一〇〜二〇回ほどトライアルして学習するようなら平均的である。どうしてもできないようなら、イヌに何か問題があると考えてよい。飼い主になつきすぎたイヌのなかには、必死に飼い主のもとに行こうとして革ひもをもつれさせたり、自分ではどうすることもできずあきらめ、飼い主の助けを待つものが少なくない。飼い主に依存しすぎる、自分では用が足せない、体を動かしすぎる、ヒステリー状態の反応をする。いずれも、このテストやほかのテストを妨げる要因になり、イヌの学習能力の訓練にもかかならず悪影響を及ぼす。

17 知能テストと訓練（上級編）

16章で紹介したテストが終了したら、さらに上級用のテストに挑戦してみよう。

「道具」使用のテスト

食べものをとる「道具」としてひもに木片の「取っ手」をつけたもの、あるいは針金の先端を輪にしたものを用意する。この「道具」をイヌが使えるように訓練することができる。まず、開け閉めのできる小型の扉を準備し、床から一〇センチほど離して戸口に取りつける。この扉をはさんで片方にはイヌを、反対側にはイヌの好きな食べものを少量入れたブリキ缶を置く。用意した木片の「取っ手」はイヌの側に置き、ひもの先端をブリキ缶に結びつける。はじめは、イヌの側からブリキ缶を引っ張ってみせる。それを食事の時間に毎日、五日間おこなう。六日目になったらイヌにさせてみる。もしすぐにできたら（10）、やってはみたが失敗したら（5）、何もしなければ（0）とする。イヌは本来観察をとおした学習にすぐれている。したがって、このテストにもすぐに対応できるようになるだろう。

このテストをする前に、イヌの洞察力や空間感覚を調べることもできる。向かいの部屋のほうにボールや玩具を投げてイヌに追いかけさせるのである。このときボールや玩具は、扉と床のあいだを通すこと。扉にはぶつかったが、二度目にはうまく追いかけることができたら（5）、二度目にボールを投げても扉にぶつかるようであれば（0）、はじめから扉の前ですぐに立ち止まり、その下を抜けて追いかけようとしたら（10）とする。

短期記憶テスト

ここに紹介するテストは遅延反応テストといって、イヌの短期記憶を測定するものである。まず、箱とケーキ缶をそれぞれ二つ用意する。玩具、あるいは食べものを一つのケーキ缶のなかに入れ、箱の後ろに置く。この場面をイヌにみせておく。次に、助手に片手でイヌの目を覆って目隠しをしてもらう。目隠しは五秒間つづける。そうしてイヌを放して、ものを入れた箱を選ばせる。このテストでは、イヌにまちがいを訂正させてはならない。正解したら、翌日は目隠しを十秒間にのばし、日を追ってしだいに長くしていく。賢いイヌであれば、ものの入った缶のイメージを五分近く覚えていることもある。二分以上、目隠しをしても正解するようであれば（10）、一五秒〜二分までが（5）、一五秒以下が（0）とする。

視覚による識別テスト

このテストではまず、一方の箱に「×」などの記号、もう一方の箱に「○」などの記号をつける。「×」と印した箱に行くと報酬が得られるようにする。箱の位置は、そのつど入れ替えるようにする。イヌが左右の好みで選択するのを防ぎ、記号を読ませなければならないからである。このテストがうまくいくようになったら、つぎに「○」のカードに反応するように逆にしてみる。このようにして、しだいに視覚的な記号に反応するようイヌをしつけることができるだろう。また、いろいろと異なったカードを用いて記号のレパートリーをふやすこともできる。じっさいある訓練師は、飼っていたイヌにいろいろと異なったカードを読むことを教えた。そのイヌは、「食べもの（FOOD）」という単語を識別することを学んだのである。この事実は、わたしたちのペットに「読む」ことを教える手がかりを与えてくれるかもしれない。つまり、たっぷり時間をかけ、我慢することである。

イヌが正確に印をつけた箱に走っていっても、あなたがその箱に食べものを入れているのをイヌは見ているわけだから、記号ではなく何よりもまずあなたに反応しているのかもしれない。したがって、まず最初のステップとして五回試してみるとよい。そのつど「×」と印された箱の後ろに食べものを置くのをイヌに見せる。トライアルのたびに、×○→○×→×○→×○→○×というように二つの箱の位置を入れ替えてみる。

つぎにたしかめなければならないのは、「×」が食べものを意味していることを学習したのか、あるいは「×」と印された箱に行くだけなのかということである。これをたしかめるには、あなたが「×」の箱の後ろに食べものを置くさい、助手にイヌを目隠ししてもらい、箱の位置を入れ替えてみるとよい。五回のトライアルをして、まちがった箱に行ったら訂正させる。これでようやく本当のテストの準備が整った。本番のトライアルは五回おこない、こんどは訂正させない。

点数を記録したら、翌日もこれをくりかえす。

　このテストは、それぞれの箱の後ろにスライド式のドアを取りつけ、滑車装置で操作できるようにすることでさらに精巧なものに改良できる。はじめの五回のテストでは、ドアは開けたままにしておき、つぎの五回のテストでは閉じたままにしておく。はじめにまちがった箱に行ったあとでも、イヌが正しい箱にたどり着いたら、ゆっくりとドアを開ける。そして、本番のテストをおこなうときには二つの箱のドアは閉めたままにしておき、まっすぐに正解の箱に行ったときにだけ、その箱のドアを開ける。正しい箱の位置は、トライアルのあいだにかならず入れ替えることをお忘れなく。このトライアルは複雑にみえるかもしれないが、どのようにすればよいか理解できれば、きわめてスムーズにことは運ぶだろう。

　このテストには、実にさまざまなバリエーションがある。三つのケーキの缶と箱を使えば、さらにむずかしく高度なテストになる。二つの箱には同じ「×」の文字を記入し、残りの一つには「○」を記入する。ごほうびを得るためには、イヌはほかの文字と異なる「○」の箱だけに接近することを学ばねばならない。ここでもまた、位置や場所の好みが出ないように、正しい箱の位置は入れ替える。イヌがこつをつかめば、このほかと異なるものを識別するテストのために、いろいろと別個の記号をつくることができる。もし大工仕事が好きならば、サイズの異なる木製の立方体や角錐、六角形をつくり、三つのケーキの缶をベニヤ板で覆ってその上に一つずつ工作物を置いてみる。そして、このテストで形や大きさなどのちがいを、いかにうまく見抜けるかを評価するのである。イヌは、食べものを得るために、正しい対象物をその缶の上から押して落とすことを学ばねばならない。

この種のテストでは、イヌは「学ぶことを学ぶ」わけである。さまざまな三つの形のうち二つを同じにして、一つを異なるものにすることで、学習の構え（学習セット）として利用でき、イヌは徐々にサイズや形の微妙なちがいを識別することを学べるのである。

イヌのために、これとはいささかちがった工夫をしてみたいと考えている人もいるかもしれない。たとえば、パイの缶やプラスチックの鉢を使い、それを箱の後ろに隠すのではなく正方形に切った薄いベニヤ板や厚紙で覆い、この上に適切な記号を記入するといった工夫である。

まずはじめに、一つの缶の上に「×」のカードをのせ、缶のなかにあるわずかな食べものを得るには、そのカードを押しのけなければならないことをイヌに教える。それにはまず、食べものを隠す前に、缶の中身をイヌに食べさせなければならない。さらに、鼻や前脚でカードを押しのけることを学ばせなければならない。つぎに、何も書かれていないカードをのせた缶を加え、食べものが「×」のカードの下にしかないことがわかるまで、この問題を自分で解決させる。この問題がわかったら、正しい缶の位置を右から左と任意に入れ替えてみる。

これが終わったら、白紙のカードに「○」を記入し、もう一度「×」のカードの下だけに食べものを置いてみることで、さきのテストをさらに手のこんだものにすることができるだろう。このテストで、あなたのイヌが八〇～一〇〇パーセントの率で正確に反応できるようになったら、「○」のカードが食べものを、「×」のカードが空の皿を意味するように記号の意味を変えてみる。ただし、この記号の入れ替えは時間をかけておこなうようにする。というのもイヌのなかには、「過剰学習」、あるいはあまりにも懸命にやることを強いられて、挫折してしまうものがいるからである。この種の学習では、テストに時間をかけすぎないことが大切である。あなたのイヌが退屈したり、欲求不満になったりしないためには、ふつう一日二〇分が限度である。また、かならず毎日同じ時間に「授業」をしなければならない。

こうしたカードを使ったゲームをあなたのイヌが難なくこなすようになれば、このテストにさらに変化を加えてみよう。三番目の缶を追加し、このなかから他とちがった記号（「〇」、「×」、「〇」）を選ぶようにイヌを訓練してもよいし、先に箱を使ったテストで述べたように、何も記入していないカードをのせた数個の缶を使って、場所を覚えるテストをしてもよい。

カードを使う長所は、鼻や前脚でカードを押して、テストをおこなわなければならないという点にある。これが箱を使ったテストだと、後方にまわり込むだけでことはすむ。だが、カードを使えば、ペットに「読む」ことや「数える」ことを訓練できるようになる。まず、「DOG」と書いた一枚のカードを缶にのせ、もう一つの缶には何も記入していないカードをのせる。そして、「ドッグ」と声に出しながら、「DOG」のカードを指さす。つぎにもう一つの缶には、「CAT」あるいは「FOOD」といったほかの単語をのせ、これまで「×」と「〇」のテストでしたように記号を入れ替えた訓練ができる。こうしてじっさいに単語を増やすことができるのである。最終的には、三枚から四枚の異なったカードを用意し、「FOOD」や「CHOW（食料）」、「MEAT（肉）」、「CAT」あるいは「DOG」などと書かれたカードを取ってこい、と命令することもできるようになるだろう。同じようにして、それぞれのカードに一本、二本、三本、四本……、と

識別学習したイヌ。その証拠に、それにふさわしい文字が書かれたカードの下から、
隠してある食べものを探してくる。

いうように線を引き、数えることを教えることもできる。覚えておいていただきたいのは、たとえば三本の線を引いた「3」のカードに対しては、「いち、に、さん」と声に出してあげると、もっと楽に覚えることができるだろうということである。

エリザベス・マン・ボージェイズという訓練士は、アーリーというイヌに根気づよく、しかも工夫を凝らしながらこのカード式のテストをおこない、特別な改良を加えた電気タイプライターでじっさいに文字を打つことを教えた。どの程度までこのイヌは概念化できたのか、ということについては議論の余地があるけれども、声に出した単語をペットが理解することや、訓練によって声に出した単語（たとえば「meat」や「chow」など）と紙に書かれた記号（いわば、meatといった単語や三角形などの象徴的な記号）を結びつけて考えるよう条件づけることができるというあきらかな証拠がある。ある言葉や記号の書かれたカードを探して持ってきたり、鼻や前脚で押したりするよう訓練することのほうが、話すことを教えるよりも簡単なので、前記の方法は、わたしたちとコンパニオン・アニマルとのじっさいのコミュニケーション、あるいは概念上のコミュニケーションを妨げている扉を開く鍵になるかもしれない。

ある日、アーリーはあまり気分がすぐれないのか、ボージェイズとの訓練をしたがらなかった。彼女はつぎのように報告している。「やっと、Aに鼻をのせた。わたしはAのつく言葉を指示してなかったが、ともかく彼のしたいようにさせようと思った。彼は、そうするようにと言われたわけでもないのに、すべての単語間のスペースまで正確に、a bad a bad dog（いけない、いけないイヌ）とタイプで打った。これを彼は言いたかったのだろうか。（中略）この事例はいまのところ一つだけである。（中略）彼はたまたま（おそらく一二分の一くらいの確率であろうか）この一連の単語を叩いた。だが、この一連の単語は彼の心の状態と一致していた。彼は言うべきことを言っていたのだ」

アーリーは車に乗るのがお気に入りだった。「アーリー、どこに行きたいの」と尋ねると、正確にCAR（車）と書いた。しかし、興奮しているときには、タイプライターを前にして「吃ってしまい」、ACCACCAARR, GOGO CAARRと打った。

単語と結びついた条件づけによって、イヌやネコ、ウシ、ブタ、ウマといった単語の意味を認識させることができるようになる。それだけではない。このような動物の絵のなかから一枚を識別して、それにふさわしい単語を記したカードを鼻や前脚で押したり、探して持ってきたりするよう教えることもできる。ボージェイズさんによると、ペグという名のイヌは、そうしたことができたという。ガードナー夫妻は、チンパンジーのワシューに、図鑑に描かれているさまざまなものを正確な手話で表現するよう訓練してきた。ハトにも、写真に映っている人がいたときにのみ、反応するように訓練され、ときどきみごとな判断をすることもあった。ふつうならその写真からは容易に判断できそうもない人物を特定したのである。ハトたちは、わかりやすい幾何学的な形に基づいた低いレベルの抽象概念に対してではなく、概念の形成にもとづいて反応していたのである。

イヌは、「food（食べもの）」や「leash（革ひも）」、「walks（散歩）」、「Where's your ball ?（ボールはどこにあるの）」といったことや、その他の単語の意味がわかる。したがって、単語が指している概念を身につけることができるのである。とくに、屋外に出たいときに飛び跳ねる（もとはといえば玄関でしていた行動だが、いまではあなたの前でするようになったのである）といった独特の、そして多くは複雑な儀式を通して、特有の「概念」を独自の方法で発達させるのだろう。外に出たり遊んだりしたいときに革ひもや玩具をくわえてくるイヌもいる。イヌはすぐに反応するすぐれた観察者なので、わたしたちがときとして無意識のうちに示す言葉を用いないボディーランゲージがきっかけになって、きわめて敏感に反応するのである。

場所の学習

ここで紹介するテストは、これまでとは異なる短期記憶のテストで、数個の箱のうち一つの箱の後ろ（あるいは数個のパイの缶のうちの一つ）に置かれた報酬をイヌに覚えさせるというものである。このテストは、屋外とか広い部屋のなかでおこなうのがよい。五個か六個の箱をおよそ六〇～九〇センチの間隔で半円状に並べる。どの箱の後ろ（あるいは缶の下）に報酬を置いたかをイヌに見せ、あなたが立ち上がったらすぐに助手にイヌを放してもらう（ただし、報酬を隠した箱を見てはならない）。ほとんどのイヌは、最初は一度か二度まちがえるだろう。またこのテストでは、先に述べた視覚による識別テストと同様、ＩＱをはかる得点は容易につけられない。だが、あなたのイヌにとっては、とてもすぐれた学習経験になるし、楽しみにもなる。イヌが六個の箱の位置を習得したら、さらに箱を加えたり、箱の間隔を三〇センチにしてみるなど変化をつけてみよう。このテストに食べものを使うならば、どの缶にも食べものの汁をわずかに塗り付けておかなければならない。でないと、イヌは視覚的に場所を記憶するというより、においをもとに正解となる缶を探し出すかもしれないからである。

香り（におい）

においのテストはいろいろたくさんあるが、これでイヌを試してみることができる。もっとも重要な条件は、イヌが対象物を探して持ってくるということである。こうしたテストは、イヌの忠実度競技で使われることが少なくない。なかでも人気があるのは、さまざまな見なれないもののなかから、手袋や靴下といった飼い主のにおいのついた物をイヌに選び出させるというものである。

たとえば、球や手袋、靴、棒というように三～四個の物を使い、「ボール」や「シューズ」、「スティック」、あるいは「グラブ」と具体的な単語で命令すると、そのなかから言われたものを探して持ってくるよう訓練することもできる。まずは一個からはじめ、次に二個とする。まちがったらそのたびに正しい答えを教えてやる。訓練士の多くは、このようにしてイヌへの言葉のレパートリーを広げ、なかには四〇を超える特定の単語を完全に理解させた人もいる。

警察犬や軍用犬のさらに高度な訓練では、金属や爆発物のにおいのする埋設物（お金や地雷など）、あるいは隠された兵器や麻薬といったものを嗅ぎあてるようイヌを訓練するのはそうむずかしいことではない。薬や家庭にある香辛料をイヌに見つけるよう訓練する一つの方法は、それらを靴下や布袋のなかに詰め、探してくるよう訓練することである。そして部屋のなかのある場所に隠し、取ってくるよう命令する。訓練するうちに、イヌに「探しに行け」と命令すれば、特定のにおいを手がかりにして、すぐに「玩具」を探索しはじめるだろう。

探索と発見

このテストは高度な従順訓練で用いられ、指示されたものを探して取ってくるものとして知られている。まずは、イヌに物を探して持ってくるよう訓練しなければならない。次に数秒ほど遅らせて物を探して持ってくるようにする。「取ってこい」と命令するまえに、円を描くように歩かせるのである。そしてできるだけ時間を延ばしてゆく（およそ三〜五分）。つづいて手袋などあなたのにおいのついた物を落としてみる。一メートルほど離れたところにイヌを立たせておくが、落とそうとする物が、丈の短い草に部分的に隠れるようであれば申し分ない。投げる動作をしたら、「みつけてこい」と命令してみる。イヌがもし見つけられないようであれば、少し助けてあげる。ごく近くに物を落とし、探して取ってこれるようにするのである。それができたら十分にほめてあげる。やがてイヌは、あなたがなくしたものをみつけだすことができるようになるだろう。もしイヌが手袋や鍵など具体的な単語を知っていれば、なお結構なことである。

推理と洞察

このテストは、きわめてうまくいきそうなイヌ（それと辛抱強い飼い主）がおこなうためのものである。イヌは、適切な位置に箱を移動させ、それに登って報酬（食べものや玩具）が得られ

競争による忠実度競技は、飼い主との絆を強いものにしながら、身体的に最高の能力や指示に従う潜在能力を引き出すことができる。上の写真では、イヌが調教師のもとに亜鈴をくわえてきながら高跳びをしている。下の写真のイヌは、飼い主の指示でやすやすと幅跳びをこなしている。写真提供 HSUS

るようにすることを学ばなくてはならない。まず、頑丈で軽い合板の箱の上にイヌを座らせ、一本の糸で吊るされた少量の食べものやお気に入りの玩具がつかみ取れるよう、後脚でその箱の上に立たせる訓練をする。イヌがつかみ取れるようになったら、この箱を横に移動させる。そうすると箱の上に立っても報酬は得られない。そこでイヌに箱から下りるよう命令し、箱を適切な位置に押してあげる。そうすれば、イヌは報酬を得ることができる。これを数回くりかえすが、もしあなたのイヌがすぐれた観察学習者であれば、急に補助をやめたとしても、適切な位置に箱を押しやるようになるだろう。

これに代わるものとして、戸口に扉を作ってもよい。イヌがこの扉を飛び越えるには、まず箱の上に立つしか方法がないようなつくりにする。イヌがこの方法を学習したら、扉を飛び越せないように箱を少し離してみる。そして、飛び越せそうな位置まで箱を扉に近づけてあげる。このテストを五回かそこら繰り返し、あとはイヌに解決させる。イヌがコツをつかむ、あるいはあなたがテストをあきらめるまでにはさらに反復が必要になるだろう。このテストをするイヌは機敏でなければならないが、ケガをさせないよう注意する必要がある。扉を飛び越えさせる動機づけとして、食べものをごほうびに与えてもよいし、単にイヌを呼んで、そばに来たらほめてあげるだけでもよい。

パズル＝ボックス（イヌの頭を悩ます箱）

あなたが辛抱強いだけでなく手先も器用ならば、イヌ用の一連のパズル＝ボックスが製作できるだろう（来客も楽しめるはずだ）。まず、たとえば二五×三五×高さ二〇センチくらいの箱を、なかがわかるように六ミリあるいは一二ミリくらいの目の金網でつくる。あなたが箱のなかに入れた適当な報酬を得るために、箱のところに行き、ちょうつがいで自由に動くふたを持ち上るようイヌを訓練する。イヌがこの金網の「かご」を開ける要領を習得したら、つぎに小さな厚紙の箱のなかに報酬を隠したり、紙につつんでみたりする。さらに複雑にしたいなら、ふたにホックを取り付け、鼻や前脚でふたを上げるか横に動かさなければならないようにするとよい。最終的には、棒をホックに引っかけ、イヌがかんぬきをはずすには、この棒を引きぬかなければならないようなつくりにすることもできる。

イヌは器用なので、パズル＝ボックスにさまざまな工夫をして、さらにふたを開けにくくするとよい。まずは、箱を開けておき、なかに食べものを入れるところから始める。つぎにふたを閉める。イヌは、前脚か鼻で開けるのを学習しなければならない。そして、ふたの上でかんぬきが閉じるよう棒を引っかける。したがってイヌは、ふたを上げる前に棒をはずさなければならない。観察をとおして学習は促進されるので、どうすればよいのかイヌに示せばよい。いままでのところ、この一連のテストは三つの部分でできているけれども、さらに一つか二つ、棒を加えたり、箱のまわりをなわで縛ってそれを取り除かなければならないようにしたりすることで、よりむずかしくしてもよい。こうしたテストはいずれも複雑なように見えるが、じっさいにはこの方法を通して、かなり単純な手順が生み出されているだけなのである。いくらでも複雑にできるが、どの程度までにするかは、あなたの興味や想像力、そして、ＩＱテストは芸をしこむものではないという理解でおのずと決まってくるだろう。

電気に強い人だったら、イヌのオペラント条件づけの装置を組み立ててみてはいかがだろう。ペットの多くはすぐれた観察者であり、イヌは電気のつけ方、ドアや冷蔵庫の開け方などを自分で学習する。安全な電灯のスイッチのひもを長く垂らし、その先に棒をつけておけば、じゃれながら電灯をつけたり消したりして楽しむイヌが、きっとたくさんいるはずだ。小型のラジオにもこれと似たような仕組みをつくることができる。もし光電セルや電圧変換器の回路の組み立て方を知っていたら、イヌが部屋の特定の場所で歩いたり、座ったり、横になったりしたとき、電灯や赤外線灯、ラジオ、テレビがついたり消えたりするような装置を作れるかもしれない。ある場所に座るとラジオや赤外線灯がつくことをイヌが学習するのに時間はかからない。オペラント条件づけを伴ったさらに複雑な装置を作ることも可能で、イヌの環境を豊かにするのに有効であるし、自制心を育て、退屈から救うことにもなる。

イヌに関する質問

イヌの飼い主や、これからイヌを飼いたいと考えている人なら誰でも一つはもっているはずのもの、それはイヌに関する質問である。本を書いたり講演したりすると、いつも質問が殺到したが、その質問や問題に傾向があることがわかった。この傾向に基づき、イヌについて頻繁に尋ねられる質問のなかからいくつか選んでみよう。あなたのイヌを理解したり、正しく評価したり、あるいは場合によっては特定の問題にうまく対処したりするうえで役に立つだろう。

健康と習性についての質問

まずはじめに、「一般的な健康状態」についてよく聞かれる質問をいくつかとりあげてみる。イヌの毛が慢性的に抜けるというのは、多くの飼い主の悩みの種である。乾ききってみすぼらしい毛をしたイヌからは、季節ごとではなく毎日のように毛が抜け、家のなかを汚す。当然だらしなくみえ、飼い主が世話をしていないように思われる。こうした問題は、屋外で暮らすイヌにはめったに起こらない。家のなかで暮らすイヌ、とくに冬、暖房した家やアパートにいるイヌでは、毛の通常の成長や換毛のサイクルが乱されるため、たえず、あるいは断続的に毛が抜けるのである。初秋にみごとな冬毛が成長しはじめるイヌの場合に起こりがちである。そんな時期に暖房が入れられる。暖房器やその通気孔、または暖炉の火のそばでイヌは横になり、すぐに飼い主はイヌの毛が抜けはじめることに気がつくはずだ。イヌのなかには、季節的な被毛のサイクルが乱れ、春になって暖房が切られると、やがて訪れる夏よりも冬に適した密な毛が生えはじめるものもいる。

このイヌの毛が乾燥し、なかには汚れていたりもすると、問題をさらに悪化させることが少なくない。もしあなたのイヌが換毛せず、こうした問題を抱えていらっしゃるならば、抜け毛への対処の仕方と同じことをするとよい。まず、定期的にグルーミングしてやり、抜け毛やフケを取り除き、〔体からでる〕天然の油分を毛全体にまんべんなく塗ってあげよう。室内に加湿器を取りつけるのも、イヌにとっても家族にとっても助けとなるだろう。

乾燥し乱れた毛は、固形のドッグ＝フードや高度不飽和油脂の少ない市販の食べものと関係していることが多い。およそ一四キログラムの体重〔正確には、三〇ポンド（約一三・六キログラム）〕につき約大さじ一杯分の植物油を、毎日食べものに加えていただきたい。慢性的な抜け毛や乾燥した毛で悩む多くのイヌにとって有効だろう。

屋外のイヌを数時間、部屋のなかに入れてやると、屋外に出たときに風邪をひきやすくなる、というのはまちがいである。イヌはみごとな冬毛と適切な犬小屋があれば、うまく順応することができる。しかし、冬、室内のイヌを長いあいだ屋外に出すのは賢明とはいえない。もし、そのイヌが立派な冬毛をそなえていなかったり、慢性的な抜け毛に悩まされていたりしているのなら、なおさらである。

根気強くさえあれば、あなたのイヌを掃除機に慣らすことができる。毎日、掃除機のノズルでマッサージするのは、慢性的な抜け毛にうまく対処する手っとり早い方法である。なにより大切なのは、じかに暖房のあたる場所からイヌを遠ざけておくことである。体を「温める」と、さらに慢性的な抜け毛になりやすいからである。

よくある質問の一つに、周期的にイヌにつくノミや寄生虫をどのようにして取り除けばいいか、というのがある。寄生虫のなかでもサナダムシは、ノミと結びついていることが多い。サナダムシは、その生活環《ライフサイクル》の一部をノミのなかで過ごし、そのノミがイヌの体にとりつく。この種のサナダムシとともに、ノミを取り除くことが必要である。でないと、寄生虫を取り除いてもふたたびついてしまうことになる。

子どもが子イヌからギョウチュウをうつされることはない。子どもたちは、ギョウチュウが寄生した遊び仲間から学校でうつされるのである。子イヌは、回虫や十二指腸虫が寄生したまま生まれてくることがよくある。したがって、獣医の診察を受けて取り除いてもらうべきだ。まちがっても店頭で寄生虫用の薬を買ってはならない。獣医の処方した薬だけ使い、また獣医の診断にだけ耳を傾けて寄生虫を取り除こう。イヌが痩せ、食欲をなくしたからといってけっして寄生虫用の薬を与えてはならない。このような家庭での治療によって、さらにイヌの症状を悪化させることがよくあるからである。あなたのイヌに十二指腸虫が周期的に寄生するのは、おそらくイヌを敷地内の檻のなかや裏庭で飼うことに原因があるだろう。この寄生虫が発育するのは地中である。寄生虫は、十分に成長すると再びイヌの体に寄生する。ここでもっとも効果のある予防策は、イヌのためにコンクリートの地表か休息用の木製のスレート、あるいは水はけのよい砂利を用意することである。

ノミやダニには、温暖な地方を除いて時期があり、夏の中ごろから終わりにかけて繁殖する。体にノミがひどくたかったときには、イヌは噛んだり、なめたりするため、体の一部を傷つけてしまうことがよくある。このため患部から膿が出るようになる。そして、皮膚のすりむけた「赤く腫れた患部」になってしまう。腫れを処置するのに時間をついやしてばかりいないで、イヌの体からノミを取り除くべきである。イヌのなかには、ノミに対するひどいアレルギー症状を起こしてしまうものもいる。

もっとも効き目のある治療方法は、獣医が認めた医薬用シャンプーで定期的に体を洗ったり、浸したりすることである。シャンプーをしない日は毎日、パウダーを体にかけてやるのも効果的である。〔殺虫剤の入った〕ノミ取りの首輪は、身体の大きなイヌではほんの一部分しか効き目がないとわたしは思う。また、この首輪をつけると病気になるイヌもいる。首の下あたりにノミ用のパウダーを円形にかけてあげたほうが効き目はあるだろうし、無難である。

ノミは家のなかでも発育するので、カーペットやカーテン、ひじ掛け椅子、ソファー、床の継ぎ目や割れ目をていねいに掃除機で掃除することが絶対に欠かせない。そうして害虫駆除の専門家を呼ぶ。夏の休暇から帰ってくると、留守のあいだに孵化し、腹を減らしたノミの大群に迎えられることがよくある。ペットを手当てすると同時に、家のなかも掃除することを忘れてはならない。一〇～一四日間は毎日これを繰り返し、その後は必要に応じておこなう。というのも、目の届かないような片すみで、まだノミが発育しているかもしれないからである。イヌの食べものに茶さじ一杯くらいの醸造酵母をふりかけると、ノミをイヌに寄せつけない効果があるといわれている。また、この醸造酵母にはビタミンBが豊富に含まれているので、ノミがいてもいなくてもイヌに与えてやるとよい。イヌやネコを放し飼いにしている飼い主は、ノミが群がるという問題をいやがるうえにも抱えやすい。そこで、ノミに対処するほかの方法は、ノミがなるべく群がらないようイヌの行動を制限するということである。

休暇期間中、宿泊できる犬舎にイヌをあずけるさい、イヌをすぐに落ち着かせ、飼い主の不在をさびしがらせないようにするには、どうするのがもっともよいか、という質問をわたしはしばしば受ける。イヌのなかには、ヒステリーを起こしたり、元気を失ったりするものがいる。そうしたイヌは、食事を拒否し、疲れたようになり、病気を患う。そこで、ストレスの少ない状況をどのようにしてつくればよいのだろう。休暇をとる一週間ぐらい前に、犬舎にイヌを連れていき、一泊するだけでずいぶん効果があることにわたしは気づいた。その場所に馴れる機会を与え、一度迎えにいってあげると、イヌを残して休暇をとっても、すっかり見捨てられたという気持ちにさせずにすむだろう。玩具や毛布、カゴ、またはあなたのにおいのついた古い（洗濯していない）Tシャツやセーターをイヌといっしょに持っていってあげよう。依存心の強いイヌでも、こうしたステップをふめばうまく慣れるようだ。

イヌはなぜ自分の嘔吐物を食べるのだろうか。これはかなり不快にみえるかもしれないが、異常なことではない。雌イヌは、子イヌのために食べたものを戻すことがよくある。病気ではないおとなのイヌが嘔吐する（それでいて、病気ではない）のは、いそいで食べすぎたときである。二度食べるという行為は、消化作用を助けるはずである。排泄物を食べるというきわめて不快な行動は、母イヌが子イヌの体をきれいにするという例を除き、あまり見られない。排便のしつけを受けたイヌが家のなかで粗相し、すぐにその排泄物を残さず食べたという話しを聞いたことがある。これはきわめて稀なことではあるけれども、理解できない事例ではない。いつも排泄物を食べる、つまり嗜糞症《しふんしょう》は、檻や狭い場所に閉じ込められていたり、一日中何もすることがなく退屈しているような子イヌや成犬が身につけた悪習である。退屈が原因ならば、定期的に運動させてやったり、いっしょに遊ぶ玩具（嚙んだり振りまわしたりするヤナギの枝や園芸用のホースがあると申し分ない）を与えてやったりするとよいだろう。子イヌの場合には、一貫した訓練をし、屋外では革ひもをつけて飼うといったことを心掛けるだけで、そのうちこの悪習を抑えることができる。排便を食べるイヌにはある基本的な栄養分が欠けているケースがある、という説を唱える栄養学者がいる。生のレバーや醸造酵母を毎日ほんの少し与えてやると効果がある場合もある。イヌのなかには、ネコの排泄用の箱から糞をこっそり持ち出すのが好きなものがいる。この場合のもっともよい解決方法は、ネコだけがこのトイレに近づけるように、出入口を作ったり、ドアをくさびで留めたりすることである。

　イヌの行動のなかでもっとも不快なものとしてつぎにあげられるのは、汚物のなかで転げまわるという行為かもしれない。なぜイヌは汚物のなかで転げまわるのか。この疑問に対するわたしの答えは、イヌは高度に発達した嗅覚をそなえているという知識にもとづいたものである。つまり、イヌがこうしてにおいを「身にまとう」のは、「視覚的」な生き物であるわたしたちが立派な服を気持ちよく着るように、心地よいと感じているからかもしれない。「派手」で華麗な服を着たがる人がいるように、イヌもきついにおいを嗅いで楽しんでいる。オオカミは、食事の前に肉にまみれて転げまわることを好む。お気に入りの動物のにおいを身にまとうのは、オオカミにとってきわめて心地よいことなのかもしれない。これは体の奥深くにしみ込んだ生得的な行動なので、コントロールしにくい。まずは放し飼いしないようにしよう。それでも転がるようであれば、散歩の前に、ときどき安い香水やアフターシェーブローションを両耳の後ろにつけてやるとかなりの効果があるだろう。

外で会うイヌにも問題や疑問が生じる。もし敵意をもったイヌに逢ったら、あなたならどうするだろう。飼っているイヌといっしょでなければ、走りだしてはならない。静かに立ったまま、「やあ」と声をかける。そしてなるべく不安を隠すようにしよう。また、イヌの顔をじっと見つめないようにする。もし攻撃してきそうならば（ほとんどのイヌは噛みつくよりも、むしろ吠えるだけだということをお忘れなく）、それはおそらくあなたがイヌのテリトリーにいるということだから、ゆっくり後ずさりして離れるようにする。イヌを無視し、斜め（後ろ向きになったり、イヌから顔をそむけたりしてはならない）にゆっくりと歩きながらその場を去るだけでもうまくいくことがある。

イヌに革ひもをつけて歩いているとき、攻撃的なイヌに出会ったら冷静に対処しよう。イヌのあいだに割って入ったり、あなたのイヌを守ろうと抱えあげたりしてはならない。そんなことをすれば噛みつかれるかもしれない。革ひもに十分な余裕をとって、穏やかでやさしく、安心させるような声で相手のイヌに語りかければ、ただ吠えるだけでことが済むかもしれないし、一方が相手のにおいを嗅いでいるあいだ、じっと立っているということをお互いにくりかえすかもしれない。あるいは、片足を上げておしっこをする儀式をして、仲良くわかれる可能性も十分にある。相手のイヌをどなりつけたり、叫び声をあげたりすると、結局、双方のイヌを刺激して攻撃的、あるいは防衛的にしてしまうことになり、たいてい闘争が始まってしまう。

あなたのイヌが、自転車に乗っている人や車、ジョギングしている人、子どもたちを追いかけるのが好きだったらどうだろう。追いかける行動は生得的なもので、イヌにとって正常な反応である。せめて庭ではイヌの行動を制限しなければならない。もしイヌの行動をコントロールできないようなら、放し飼いにすべきでない。

イヌの吠えすぎは、ごくふつうに起こる問題であり、隣人の怒りを買う問題でもある。吠え防止用の首輪の使用はあまりお勧めできない。もっとも効果的なのは訓練だけだろう。イヌの名前を呼んで、「静かに」と命令し、プラント＝ミスタースプレー〔無駄吠え防止スプレー〕を少量吹きかけてみる。これを数回おこなうと、命令に従って静かにすることを学習し、もはや顔にスプレーを吹きかける必要もなくなるだろう。

飼い主が家にいないときにやたら吠えるイヌや、留守のさいに家の物をこわすイヌが、わたしが受けるイヌの行動に関する問題のなかで大きな割合を占めている。ほとんどのイヌは、たとえば飼い主が仕事に出かけたときのように長い時間、取り残されるのが好きでない。そこであなたならどうするだろう。ラジオがつけっぱなしにしてあったり、いっしょに遊べるおもちゃがいくつかあると、イヌのなかには満足するものがいる。また、家のなかにほかのイヌやネコといったコンパニオンがいると好ましい反応をしめすものもいる。だが、そもそもイヌを飼うべきではなかったケースが少なくない。活動的であなたに依存しているイヌに小さなアパートや家の一室で日がな一日ひとりで過ごせというのは、現実的ではないし道理にあわない。こうした生活様式には、イヌよりもネコのほうがうまく順応する。一日中、家の物を壊したり吠えつづけたりする痛ましいイヌよりも、一匹あるいは二匹のネコのほうが楽しいというのは、理解しやすいことだろう。

イヌのなかには、排便のしつけができなくなるものもいる。排便のしつけができないのは、あなたのイヌがひとりで放っておかれることに欲求不満を抱いているという信号かもしれない。しかし、もしそのイヌが水を飲みすぎたり、年老いていたりしたら、屋内での粗相には臨床的な原因があるかもしれないので、かかりつけの獣医に診察してもらうべきだ。たとえば、腎臓に問題のある年老いたイヌは水を飲みすぎるきらいがあり、腎臓が正常に機能している若いイヌよりもひんぱんに散歩に出かけてやらないと、家のなかで粗相しやすいのである。

去勢について

イヌについての質問で次にもっとも多いのが、去勢に関することである。去勢するのにもっともふさわしい年齢は、かかりつけの獣医によってもいくぶん左右される。ただし、イヌが十分成長するまではすべきでない。また、発情期でなければ、きわめて安全に去勢ができる。そうすれば、多量の出血やほかの合併症を引き起こす危険性は少なくなる。あまりに若いうちに去勢された雌イヌは、外生殖器が小さすぎるため、のちの生活のなかで排尿の問題をかかえることがある。卵巣の摘出は、雌イヌの去勢、あるいは不妊を意味している。そして卵巣だけでなく子宮も取り除く。これは、ごく一般的な外科的処置で麻酔をかけておこなわれる。この処置でイヌの心理状態に不都合な影響を与えることはないだろうし、注意深く規則正しく餌を与えて十分に運動すれば、あとでイヌが太ることもないだろう。

雄イヌの去勢では、二つの睾丸を取り除かなければならない。その管（輸精管）を結ぶと雄イヌの生殖力は失われるが、性衝動は消えない。雌イヌの卵管結紮《けっさつ》でも同じである。実は雄イヌにせよ、雌イヌにせよ、管の結紮をおこなうのは、あまり意味があるものとはいえない。精巣の摘出は、たいてい好ましい結果を生む。ほかのイヌへの攻撃が減るケースが多いし、性衝動が弱まり、しきりに屋外に出たがったり、つがいを求めてうろついたりすることも少なくなるからである。去勢しても雄イヌは気弱にはならない。おそらくすぐれた番犬のままでいるはずだ。去勢したイヌの場合、わりあい世話のしやすいペットになるという以外に、雄イヌでは、前立腺の病気の発生率が減ったり、睾丸に腫瘍ができる心配がないといったメリットがある。また、雌イヌでは、乳ガンになる可能性が少なくなるし、卵巣の腫瘍や子宮の病気を心配する必要がない。

「自動車恐怖症」を克服するには

「自動車恐怖症」、つまり自動車に乗る恐怖に苦しんでいるイヌは多い。たいていこの恐怖症は、獣医やイヌの美容師を訪ねたり、あるいは寄宿式の犬舎に宿泊したりするのに車で連れていかれることで生じる。もしそこでの経験が心地よいものでなかったら、つぎにイヌが車に乗るときにはパニックに陥るかもしれない。車に乗ると、しまいには苦しい、またはストレスのかかる出来事につながる、と連想させてしまうのである。こうした心配は、車に乗るたびにイヌにつきまとう。運転中の飼い主の不安によっても、あるいはまた乗りもの酔いを経験しても自動車恐怖症になる。

乗りもの酔いは、車に乗る三〇分前にドラマミン〔アレルギー治療・船酔い予防剤〕を与えることで軽減できる。その服用量は、イヌの大きさや気質によってちがってくるけれども、かかりつけの獣医なら適切な服用量を指示してくれるはずだ。

漠然とした不安があるために、乗りもの酔いがいっそうひどくなることがある（逆もまた同様である）。したがって、自動車恐怖症を治療するもっともよい方法の一つは、イヌの過敏性を和らげることである。まずはただイヌと車のなかで座ることから始め、落ち着いて静かにしていたらうまい食べものを一口あげたり、ほめたりしてあげる。体を激しく動かしたり、あえいだりしなくなるまで、毎日一五分のあいだ、イヌと車のなかで過ごすとよい。一週間たっても行動に変化がみられないようなら、かかりつけの獣医にバリアム〔精神安定剤の商品名〕を処方してもらい、いっしょに車に座る三〇分前にそれを与えておく。この薬での治療は、最初の三日間は毎日、そしてつぎの六日間は、一日おきにおこなう。

第二段階は、イヌが車の音や振動に慣れるようにするために、車のエンジンをかけてみる。車のなかで一五分いるあいだに一度か二度、クラクションを鳴らす。第二段階は、四〜五日間つづけてみる。

もしイヌがふたたび動揺するようになったら、第一段階に戻るか、あるいはバリアムを使った治療でイヌの不安にうまく対処してみよう。

第三段階は、数ブロックにわたって車をゆっくり走らせてみる。そして発進と停止を数回くりかえす。これを毎日一五分、一週間ほどおこなう。ただし、イヌが行儀よくしていたら、かならず食べものを与え、ほめてあげよう。

過敏症をやわらげるこの種のプログラム（ただしあまり厳しくおこなってはならない）で、たいていのイヌはすぐに自動車恐怖症を克服するだろう。

だが、神経質なイヌを車のなかで固定せずに運転するのは勧められない。後部座席に取り外しのできる金網をつけて、そこにイヌを入れるべきだ。ペットの小売店ではほとんど、かごに入れたり、一つのシートベルトに革帯で固定したりしてイヌを運ぶ。ほかの方法では効果のないイヌも、手提げ式のかごや檻に入れるとたいていはうまくいく。もしかするとこうしたかごには、イヌに安心感を与える効果があるのかもしれない。

小型トラックの荷台にイヌを固定しないで運転するのは、どんなことがあってもやめていただきたい。たとえイヌが車に乗るのを気に入っていたとしてもだ。こうしたイヌはすべて、つなぎとめておくか、かごに入れておくべきである。でないと跳ねたり、荷台から落ちたりするだろう。それは、事故やケガ、あるいは命を落とすことにつながってしまう。

訳者あとがき

本書は、マイケル・W・フォックス（Michael W. Fox）著"*SUPERDOG: Raising the Perfect Canine Companion*"の全訳である。『裸のサル』（日高敏隆訳、角川書店）など数々の著書で有名なデズモンド・モリスの「イヌのことなら狐（フォックス）に訊け」という言葉は、フォックスの研究の評価の高さを裏づけている。

フォックスは、イヌ科動物の権威として世界的に知られており、著書も四〇冊ちかくにのぼる。彼は、ロンドン大学のロイヤル・カレッジで獣医学を修め、一九六七年からワシントン大学で心理学を担当した。そののち全米人道協会に移り、副会長としてさまざまな動物の保護運動に力を入れてきた。この本では、はじめに「個人的な回想」が述べられており、獣医になろうとしたいきさつや、動物保護運動に取り組もうと決意した理由などがみてとれる。

邦訳された本も多く、『行動学の可能性』（今泉吉晴訳、思索社）では、野生のイヌ科動物と家畜化されたイヌとの行動を比較しながら、人間探究への行動学の可能性を示唆した。また、『イヌのこころがわかる本』（平方文男・平方直美・奥野卓司・新妻昭夫訳、朝日新聞社）や『ネコのこころがわかる本』（奥野卓司・新妻昭夫・蘇南耀訳、朝日新聞社）では、一般向けにイヌやネコの行動や生態を詳しく、しかもわかりやすく解説し、あわせて人間社会の歪みも指摘した。彼の研究が細部にわたりいかに徹底していたかは、こうした一連の著作の内容がいまだに色あせていないことからもうかがい知ることができよう。

動物の意識や権利についての考え方をコンパクトに紹介しているのも、この本の特徴である。これまでの彼の著作に、動物の権利に関するものがなかったわけではない。たとえば、一九七八年には、リチャード・ノールズ・モリスと共同で編集した『第五の日に――動物の権利と人間の権利』(未邦訳)を出版している。本書では、わたしたちに身近な動物の背後にある奥深い世界をのぞきながら、動物の権利へと話しがすすむので、抵抗なく読んでいただけるのではなかろうか。このなかで彼は、動物を思考力や感情のない本能によってコントロールされているとする機械論的な見方を批判する。こうした考え方は、動物がヒトよりも劣っているとする思想につながりかねないからである。いや、動物にもヒトとまったくおなじではないが、思考力はあるし、感情もある。だから動物は等しく尊重されるべきだ、とフォックスは考える。まず冒頭を動物の思考力や洞察力、推理力に関する章とし、コウモリのエコロケーションなどの研究で有名なドナルド・グリフィンらによる認知行動学の成果を取り入れた理由もそのあたりにありそうだ。

このように本書では、いままでの成果が、動物の意識から権利にいたるまで幅広い視点から肉づけされている。なお、一九九一年には、『動物にも権利がある』(未邦訳)を著し、生存の権利や苦しみを受けない権利、実験動物の権利などの章を設けて具体的に解説している。フォックスがのちに環境倫理の研究へ向かったのも、彼が全米人道協会に籍を移した一九七六年が、アメリカでの動物の権利に関する議論が活発になってきた時期とかさなったことと無関係ではないだろう。環境倫理の思想的な背景については、ロデリック・F・ナッシュの『自然の権利――環境倫理の文明史』(岡崎洋監修、松野弘訳、TBSブルタニカ)に詳しい記述がある。

イヌとつきあっていると不思議に思うのが、なぜ人間の複雑な生活様式に適応できたのだろうかということである。これは、ヒトとイヌの祖先の共通点を探してみれば想像がつく。群れ(パック)をつくって生活し、集団で獲物を倒す効率のよい戦術をあみだしたし、複雑なコミュニケーションを発達させ、協力と分配のシステムをつくりだした。このほかにも、群れで子どもの世話をするなど、イヌの生態や行動はヒトのそれとちかい。こうした、生態や行動、精神構造の類似点が人間社会への同化を可能にした一因だろう。

三〇億年とも四五億年ともいわれる生物進化史からみれば、二万年かそこらのイヌとわたしたちのつきあいは、つい最近の出来事といえる。しかし、わたしたちからみれば、もっとも長いあいだ生活を共にしてきた仲間であることはまちがいない。イヌがわたしたちの生活様式に適応し、歩みを共にしてきたからこそ、イヌのおかれた状況は人間社会を具体的に、しかも的確に映しだす。たとえば、ペキニーズというイヌがいる。このイヌは、前頭部がいちじるしく萎縮し、頭蓋骨が変形したため、歯が顎にしっかり根づかない。そのため、まえもって餌をやわらかくしてやらないと、食べられずに死んでしまうことがあるという。これなど、小型犬をわたしたちの精神の慰め役としかとらえない人間の欲望の異常な様を象徴しているようにみえる。

動物と接するさい、客観すぎもせず、主観におぼれることもなく、というのがフォックスのスタンスである。あまりに擬人化すると、イヌを甘やかしすぎたり、子どもの代用にしたりしてしまいかねない。動物にはわたしたちとまったくおなじ属性があると思い込んだりすることもある。これは、動物の本質的な価値を正しく理解したことにはならない、というわけである。そこで、一方的に人間の精神状態を動物にあてはめて考えるのではなく、動物を尊重する態度を彼はわたしたちにうながす。動物には多様性、つまりさまざまなちがいがあるけれども、そのちがいは、動物の価値の差に結びつくものではないという考え方がその姿勢の根底にある。「生命への畏敬」には、あらゆるものと共に生きるという意味が含まれている。アルベルト・シュヴァイツァーのこの言葉を引用することで、ヒト中心的な考え方の傲慢さを指摘しているのである。

読みすすむうちに、ＩＱという言葉が目につくようになる。もしかすると、フォックス氏は遺伝的に知能の差があると思っているのではないかしらん、と首をかしげる読者もいらっしゃるかもしれないが、そうではない。フォックスは、この知能の差異は、そのイヌがどのように育てられ、どのように訓練されたかによって生じたもので、ＩＱを高めることは、イヌの潜在能力を引き出すことにつながり、ひいてはイヌの生活をより豊かにすることにつながる、という。選択育種を繰り返し、家畜化してきた結果、もはやイヌはわたしたちを離れて暮らすことはできない。こうした状況のなかで、せめてイヌにとって暮らしやすい環境をととのえつつ、すばらしい属性を引き出すことで順応力のある賢い動物に育てようではないか、ということである。人間とイヌとの適切な関係を取り戻すにはどうしたらよいか。フォックスによる一つの回答がここにある。

私事で申し訳ないが、山里にある動物観察のフィールドと自宅を往復しながらこの本を読んだ。このフィールドでは、水のきれいな沢で暮らしているカワネズミという小型の哺乳類（食虫類）を対象に研究をつづけてきた。フォックスが対象としていたイヌ科動物とは行動パターンも当然大きく異なる。しかし、わたしたちは身近な動物との関わりのなかからも、その背後にある複雑で多様な世界を知ることができるということを具体的に学べたのは幸せであった。日本には哺乳類だけをとってみても、およそ一一〇種生息しているとされている。わたしたちをとりまく世界のつくりをみてとるには、じつに恵まれた環境にあるといえるかもしれない。部分のみの理解では不十分である。わたしたちは部分と全体との関係を理解しなければならない、とフォックスは『行動学の可能性』のなかで語った。この言葉は、動物を通して人間と人間、自然と人間との関係を捉える大切さについて強調しているようにも思える。

本書の訳出にあたり、都留文科大学教授の今泉吉晴氏には、全体を通して丁寧なご指導と数々の貴重なアドバイスをいただき、都留文科大学非常勤講師の戸田清氏には、動物の権利を中心に詳しい御教示をいただいた。詩については、友人の谷真由美さんにうかがった。なお、本書の翻訳は、武蔵大学非常勤講師の新妻昭夫氏のすすめと助言を得て取り組んだものである。

この本をなんとか訳し終えることができたのは、編集の三好正人氏のおかげでもある。足どりの遅いわたしについて最後まで伴走してくださったばかりか、何度も丁寧に原文とつきあわせ、誤りを指摘していただいた。白揚社の鷹尾和彦氏にも、長い期間にわたり大変お世話になった。

この場を借りてお世話になった皆様に心からお礼を申し上げたい。もちろん、誤訳などの全責任はわたしにある。

一九九四年九月

北垣　憲仁

＊本書は一九九四年十月白揚社刊行の『イヌの心理学』を改題新装したものです。

著者紹介

マイケル・W・フォックス(Michael W. Fox)

一九三七年、イギリス生まれ。動物の行動についての数々の研究は学界で高く評価されている。獣医師であり、ロンドン大学から心理学および行動学の博士号を得ている。ワシントン大学の心理学准教授などをへて、現在、米国最大の動物愛護団体「全米人道協会」の副会長。著書に『イヌのこころがわかる本』『ネコのこころがわかる本』(朝日文庫)、『行動学の可能性』(思索社)、『犬と話そう』(新潮文庫)、『フォックス博士のスーパーキャットの育て方』(白揚社)などがある。

訳者略歴

北垣　憲仁(きたがき　けんじ)

一九六三年、山口県生まれ。都留文科大学大学院修了。現在、同大学講師。山梨県都留市をフィールドに、カワネズミやカヤネズミなどの生態・行動を研究中。著書『カワネズミの谷』(フレーベル館)、『小学館の図鑑NEO動物』(共著、小学館)など。

ISBN978－4－8269－9031－8

フォックス博士《はかせ》のスーパードッグの育《そだ》て方《かた》

二〇〇二年七月三十日　第一版第一刷発行
二〇一二年三月二十日　第一版第四刷発行

著　者　マイケル・W・フォックス
訳　者　北垣《きたがき》　憲仁《けんじ》

発行者　中村　浩

発行所　株式会社　白揚社

東京都千代田区神田駿河台一－七　郵便番号一〇一－〇〇六二
電話＝東京(03)五二八一－九七七二　振替＝〇〇一三〇－一－二五四〇〇

装　幀　岩崎寿文

印刷所　奥村印刷株式会社

製本所　ベル製本株式会社

デボラ・ブラム著　越智典子訳

脳に組み込まれたセックス

なぜ男と女なのか

男と女の違いはなぜ生まれたのか？　男女の脳の違い、同性愛の遺伝子、気分を司るホルモン、浮気とレイプの進化論……幅広い話題を紹介しながら解き明かす性差の不思議。性の科学の最前線が理解できる決定版！

四六判　４４８ページ　本体価格２９００円

クララ・ピント・コレイア著　佐藤恵子訳

イヴの卵

卵子と精子と前成説

卵子や精子の中にはミニチュアの人間が身体を丸めて入っているという「前成説」。この珍妙な学説が、なぜ一流の知識人たちの心をとらえたのか？　多様な生殖観が交錯する科学革命期を鮮やかに描き出す。

四六判　３８４ページ　本体価格４７００円

マーリーン・ズック著　佐藤恵子訳

性淘汰

ヒトは動物の性から何を学べるのか

気鋭の生物学者が、配偶システム、性行動、つがい外交尾、オーガズム、同性愛など、ヒトの性に関して広く語られている誤解と真実を、進化と行動生態学の視点から読み解く。ＮＹタイムズなど、各紙誌書評でも絶賛。

四六判　３７６ページ　３５００円

ジェイムズ・ワトソン著　大貫昌子訳

ぼくとガモフと遺伝情報

ワトソン博士が語るＤＮＡパラダイム誕生の舞台裏

ＤＮＡ二重らせん構造の発見で迎えた分子生物学の激動期。その中心にいたワトソンが熾烈な研究競争の舞台裏を赤裸々に描き出す！正直ジムの異名をとる著者ならではの面白すぎる回想録！

四六判　４０８ページ　２９００円

Ｄ・Ｊ・チャーマーズ著　林　一訳

意識する心

脳と精神の根本理論を求めて

21世紀の哲学・認知科学は、これを読まずに語ることはできない――世界中で多くの読者を獲得し、脳科学者、哲学者、認知科学者の間に熱い論考を巻き起こしたチャーマーズ衝撃の論考、待望の邦訳。

四六判　５１２ページ　４８００円

※表示の価格に別途消費税がかかります。